21世纪高等学校数字媒体专业系列教材

网站原型交互设计

李振华 / 主编

清華大學出版社
北京

内容简介

本书立足实际工作，从网站原型设计的基础知识出发，以原型交互设计工具的使用为主线，依次介绍Axure RP软件的功能、变量与表达式、动态面板、函数、中继器等相关内容。就欧美视觉差网页、摄影作品展示网页、美食类移动网站等案例进行了面向交互设计的网站原型设计制作。对网站原型设计与制作的应用、研究与传播具有较大的现实意义。

本书可作为高等院校多媒体技术、数字媒体、教育技术、计算机应用等相关专业网站原型设计与制作课程的教材或教学参考书，也可供从事网站交互设计的商业分析师、信息架构师、可行性分析专家、产品经理、IT咨询师、用户体验设计师、交互设计师、界面设计师、架构师、程序开发工程师等从业人员及爱好者学习参考。

图书在版编目(CIP)数据

网站原型交互设计/李振华主编. —北京：清华大学出版社，2021.6（2024.3重印）
21世纪高等学校数字媒体专业系列教材
ISBN 978-7-302-57574-0

Ⅰ. ①网… Ⅱ. ①李… Ⅲ. ①网站—设计—高等学校—教材 Ⅳ. ①TP393.092.21

中国版本图书馆CIP数据核字(2021)第028870号

责任编辑：闫红梅
封面设计：刘 键
责任校对：焦丽丽
责任印制：刘海龙

出版发行：清华大学出版社
网　址：https://www.tup.com.cn, https://www.wqxuetang.com
地　址：北京清华大学学研大厦A座　**邮　编**：100084
社 总 机：010-83470000　**邮　购**：010-62786544
投稿与读者服务：010-62776969，c-service@tup.tsinghua.edu.cn
质量反馈：010-62772015，zhiliang@tup.tsinghua.edu.cn
课件下载：https://www.tup.com.cn，010-83470236
印 装 者：三河市君旺印务有限公司
经　销：全国新华书店
开　本：185mm×260mm　**印　张**：11.5　**字　数**：270千字
版　次：2021年6月第1版　**印　次**：2024年3月第3次印刷
印　数：2001～2500
定　价：59.80元

产品编号：075442-01

前　言

交互设计是一个正在快速发展的新兴行业，它包含界面设计、产品架构、信息逻辑、人机交互、用户体验等方面的内容。目前，大多数高校还没有开设交互设计专业的课程，特别是面向交互设计的网站原型设计与制作方面的课程。尽管市场对此需求旺盛，设计公司也已经对此提出了具体要求，但是目前大多数学生只能在毕业后，通过自学模仿、从中对比和寻找感觉来逐渐形成自己的判断和认识。已开课的部分高校在授课时也大多处于摸索阶段，还没有形成完整的教学内容及实训体系。网站原型设计与制作是交互设计师与网站开发设计工程师的高效沟通方式，该部分在原则上必须是交互设计师的作品，交互设计以用户为中心的理念应该贯穿整个产品。利用交互设计师专业的眼光与经验可以提升产品的可用性。因此，编写网站原型设计与制作相关图书可以为学生晋升交互设计师提供帮助，具有较大的现实意义。

本书是作者在综合考虑高等院校相关专业课程的设置、课时安排、学生接受能力等相关因素的基础上编写而成。从网站交互设计的基础知识出发，以原型交互设计工具的使用为主线，依次介绍 Axure RP 软件的功能、变量与表达式、动态面板、函数、中继器等内容。就欧美视觉差网页、摄影作品展示网页、美食类移动网站等案例进行了一次面向交互设计的网站原型设计与制作。全书结构清晰、由浅入深、循序渐进、内容简明扼要、案例丰富，有较强的针对性和实用性，方便教师教学与学生阅读。本书还结合“1＋X”证书制度教学改革的相关成果，在教学实践中融入多媒体应用设计师考试的网站原型设计考试相关内容。

针对本书内容，作者给出如下教学建议。第一，在教学方式上，建议在进行网站原型设计与制作课程教学的过程中，学习借鉴知能课程的价值取向。知能课程是为了适应信息时代对人才的培养和高等教育大众化对高校课程改革的现实需求应运而生的一种新型的课程形态。在课程功能的定位上，知能课程强调“能力本位”；在课程内容的组织上，知能课程要求“知行并举”。能力本位是指把培养学生的职业适应能力作为课程的总目标，知行并举则更多地表现在组织课程内容时对待能力和知识的态度上。第二，在学习介质上，当前纸质教材仍然有其存在的合理性和价值需求，尽管其在内容和定位方面会有重大转变，但其形式不会消亡，具有不可替代性。同时需要结合实际，开展课程平台和教学软件的开发、应用、研究，将教材建设与课程建设紧密地结合起来。

本书由浙江商业职业技术学院的李振华策划、设计、编写与统稿。2019 年起本书启动编写，当时相关成型的图书资料少，因此作者在商业网站设计与制作等课程的实际教学中积极开展了网站原型技术与制作相关教学案例及教学方法的研究与应用。本书在编写过程中，吸收了教学实际项目与指导案例、教学反思与师生互动启迪的经验，同时也参考了大量国内外相关专家的书籍、博客、资料或课件，从中获得了灵感和启示，但未能在注释或参考文献中一一列出，在此特向这些参考文献的作者致歉并表示由衷的感谢！此外，感谢杭州三匠云文化有限公司等企业为本书提供了相关素材。限于作者学识水平，时间仓促，作为网站原型设计与制作教学研究的尝试，书中难免还存在着诸多不足之处，还请读者批评指正，以便改进和提高。“书山有路勤为径，学海无涯苦作舟”，愿此书能为网站原型设计与制作的学习者提供指引。

李振华

浙江商业职业技术学院

2020年11月

目 录

第一部分 网站原型设计基础篇

第 1 章 网站页面设计知识 …… 3

1.1 网页布局 …… 3

1.2 网页的色彩搭配 …… 11

1.3 赏析网站页面设计 …… 12

1.4 网页设计常用布局 …… 18

1.5 设计作业 …… 24

第 2 章 交互设计基础知识 …… 25

2.1 交互设计概述 …… 25

2.2 交互设计的应用 …… 27

2.3 交互设计师的修养与职责 …… 28

2.4 交互设计师的知识体系 …… 31

2.5 设计作业 …… 33

第 3 章 网站交互设计知识 …… 34

3.1 交互体验 …… 34

3.2 用户体验 …… 36

3.3 可用性 …… 37

3.4 网站用户体验改进方法 …… 38

3.5 设计作业 …… 38

第二部分 网站原型设计工具篇

第 4 章 Axure RP 软件的使用 …… 41

4.1 Axure RP 软件概述 …… 41

4.2 软件安装与汉化 …… 41

4.3 安装浏览器插件 …… 42

4.4 其他常见原型设计软件 …… 43

4.5 设计作业 …… 44

第5章 Axure RP 软件主要功能 …… 45
5.1 快捷功能区 …… 45
5.2 站点地图 …… 45
5.3 元件区 …… 46
5.4 元件属性与样式 …… 47
5.5 生成与预览 …… 49
5.6 元件交互与说明 …… 50
5.7 页面设置 …… 53
5.8 母版管理 …… 54
5.9 设计作业 …… 55
第6章 变量与表达式 …… 56
6.1 变量 …… 56
6.2 表达式 …… 59
6.3 设计作业 …… 61
第7章 动态面板 …… 62
7.1 动态面板的组成 …… 62
7.2 动态面板的属性 …… 64
7.3 动态面板的事件 …… 65
7.4 设计作业 …… 69
第8章 函数与中继器 …… 70
8.1 函数 …… 70
8.2 中继器 …… 74
8.3 设计作业 …… 77

第三部分 网站原型设计项目篇

第9章 个人作品展示网页 …… 81
9.1 应用场景 …… 81
9.2 制作过程 …… 82
9.3 设计拓展 …… 88
9.4 设计作业 …… 90
第10章 欧美系视觉差网页 …… 91
10.1 应用场景 …… 91
10.2 制作过程 …… 92
10.3 设计拓展 …… 98
10.4 设计作业 …… 99
第11章 手机壳展示网页 …… 100
11.1 应用场景 …… 100
11.2 制作过程 …… 102

11.3 设计拓展 …… 109
11.4 设计作业 …… 112
第12章 个人摄影作品网页 …… 113
12.1 应用场景 …… 113
12.2 制作过程 …… 114
12.3 设计拓展 …… 118
12.4 设计作业 …… 119
第13章 宫崎骏电影文化展示网页 …… 120
13.1 应用场景 …… 120
13.2 制作过程 …… 121
13.3 设计拓展 …… 123
13.4 设计作业 …… 125
第14章 美食类移动网站 …… 126
14.1 应用场景 …… 126
14.2 制作过程 …… 126
14.3 设计拓展 …… 131
14.4 设计作业 …… 133
第15章 总结 …… 134

第四部分 网站原型设计考证篇

第16章 多媒体应用设计师考试 …… 143
16.1 试题分析与解答 …… 143
试题1(2019年11月试题1) …… 143
试题2(2018年11月试题2) …… 145
试题3(2016年5月试题2) …… 148
试题4(2015年5月试题1) …… 152
试题5(2015年5月试题2) …… 154
试题6(2015年5月试题4) …… 156
试题7(2014年5月试题1) …… 158
试题8(2014年5月试题2) …… 160
16.2 多媒体应用设计师考试大纲 …… 161
附录 Axure RP 7.0快捷键速查 …… 171
参考文献 …… 174

第 一 部 分

网站原型设计基础篇

第1章 网站页面设计知识

1.1 网页布局

电子商务的大力发展,使得网络开店成为众多年轻人选择的创业、就业新模式。每年"双十一"电商大战,决定胜负的除了商品和价格因素外,店铺的门面也很重要。在现实生活中,很多消费者被店面风格所吸引而购物,为了招徕顾客,网店也同样需要进行"装修"才能吸引顾客。这就催生了围绕电商的次生行业——网站页面设计。熟悉网站页面设计的流程、方法、技术是多媒体设计和电子商务等相关专业培训的核心内容,和后文的网站原型设计与制作息息相关。在进行网站原型设计与制作之前,首先要进行网页的设计与构思,主要包括网页的布局、配色、设计原则等。了解这些知识有助于网页的设计与制作。

1. 网页的常见布局

网页布局能决定网页是否美观。合理的布局可以将页面中的文字、图像等内容完美直观地展现给访问者,同时合理安排网页空间,优化网页的显示效果和加载速度。反之,如果页面布局不合理,网页在浏览器中的显示效果将大打折扣,页面中的各个元素可能会重叠显示或丢失。因此,在对网页进行布局设计时,应遵循对称平衡、异常平衡、对比、凝视和空白等原则。常见的网页布局形式包括:骨骼型布局、上下分隔型布局、左右分隔型布局、中轴型布局、倾斜型布局、视觉中心型布局、曲线型布局、重复型布局、自由型布局和满屏型布局等。

(1) 骨骼型布局。骨骼型结构网页是国内企业网站最常用的类型,有左栏、右栏、顶栏、三栏等几种布局形式。骨骼型页面布局有规范、理性的分割版面的方法,图片和文字在编排上严格按照骨骼比例进行编排配置,给人以严谨、和谐、理性的美感。左栏布局主要分为左右两块,左侧较窄,右侧较宽,是普遍采用的一种布局模式。右栏布局与左栏布局类似,主要分为左右两块,但右侧较窄,左侧较宽,常见于社会新闻类网站的布局。顶栏布局,其导航集中在页面的顶端,占据整个页面的宽度。顶部下方则为网页的主要内容。三栏布局是常用的布局模式,即分为顶部、主体和底部。顶部一般由网站 Logo、Banner 和导航条组成。主体部分是网站的主要内容,分为三列,左、右两侧为一些类目,中间部分为主体内容。底部呈现网站的一些基本信息、联系信息、版权信息等。整体效果类似于π型。三栏布局网页的优点是充分利用了网页的版面,可容纳的信息量大;缺点则是大容量的信息显示使得版面显得拥挤,不够生动。如图 1.1 和图 1.2 所示为骨骼型布局的网页。

(2) 上下分隔型布局。上下分隔型布局页面分为上下两部分,分别配置文字和图片。上下分隔型布局的网页上部一般为网站 Logo 和导航条等内容,下部则是页面的主要内容。

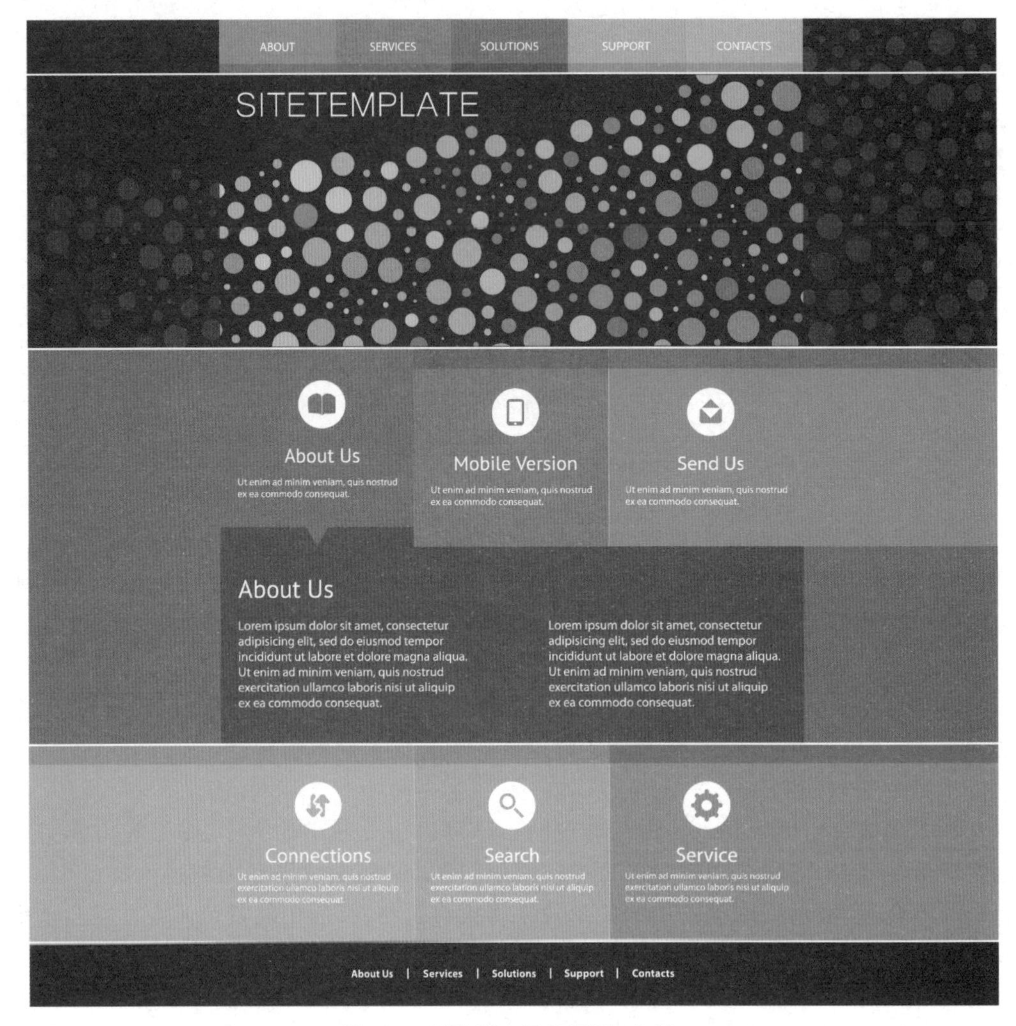

图 1.1　骨骼型布局的网页(左栏)

上下分隔型布局的网页的优点是页面结构清晰,内容主次分明;缺点是布局规格死板,如果在细节色彩上不注重加工,容易使人产生乏味的感觉。如图 1.3 所示为上下分隔型布局的网页。

(3) 左右分隔型布局。左右分隔型布局的网页被分隔为左右两个部分,分别配置文字和图片。给人的整体感觉就像是被翻开的一本书,随着单击超链接,不断展示其中的内容。左右分隔型布局的网页的优点在于结构清新,内容表达完整。如图 1.4 所示为左右分隔型布局的网页。

(4) 中轴型布局。中轴型布局将图形作水平方向或垂直方向排列,水平排列的页面,给人稳定、安静、平和与含蓄之感。垂直排列的页面,给人强烈的动感。近年来有许多网页采取单页式的设计,能呈现出各种具有创意的滚动效果。单页式的网站技术多用于作品集、设计工作室、移动应用程序页面等只需要显示一部分信息的场合。单页式的网站由于其特殊的浏览方式,大多都是采用中轴型的排列。浏览这种类型的网页的过程就像是在细细品味一件件艺术品。如图 1.5 所示为中轴型布局的网页。

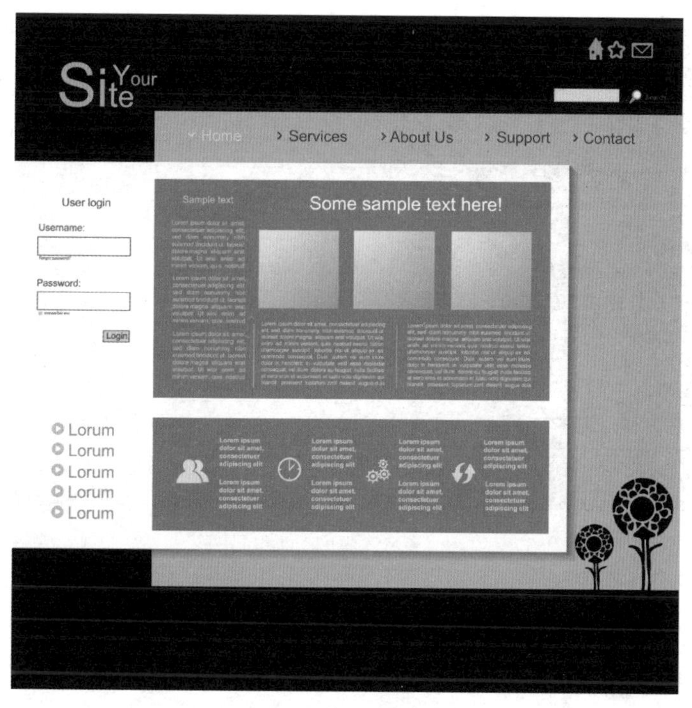

图 1.2　骨骼型布局的网页（顶栏）

图 1.3　上下分隔型布局的网页

图 1.4　左右分隔型布局的网页

图 1.5　中轴型布局的网页

(5) 倾斜型布局。倾斜型布局的网页，其主体形象或多幅图像作倾斜编排，在版面形成强烈的动感和不稳定感，引人注目。如图 1.6 所示为倾斜型布局的网页。

(6) 视觉中心型布局。视觉中心型布局的目的是产生强烈而突出的视觉焦点，强调页面的视觉效果。视觉中心型布局主要有三种类型，直接以独立而轮廓清楚的形象占领版面中心；视觉元素做向版面中心靠拢的运动；做出类似向外扩散的离心弧线运动效果。如图 1.7 所示为视觉中心型布局的网页。

图 1.6　倾斜型布局的网页

图 1.7　视觉中心型布局的网页

(7) 曲线型布局。曲线型布局的网页中的图片和文字呈曲线排列,使人产生富有韵律与节奏的感觉。如图 1.8 所示为曲线型布局的网页。

图 1.8　曲线型布局的网页

(8) 重复型布局。重复型布局的网页将相同或不同的元素作大小相同而位置不同的重复排列。重复型布局方式是一种常见、好用的网页布局方式,使网页具有秩序感、调和感与节拍感,很符合浏览网页的一般需求。如图 1.9 所示为重复型布局的网页。

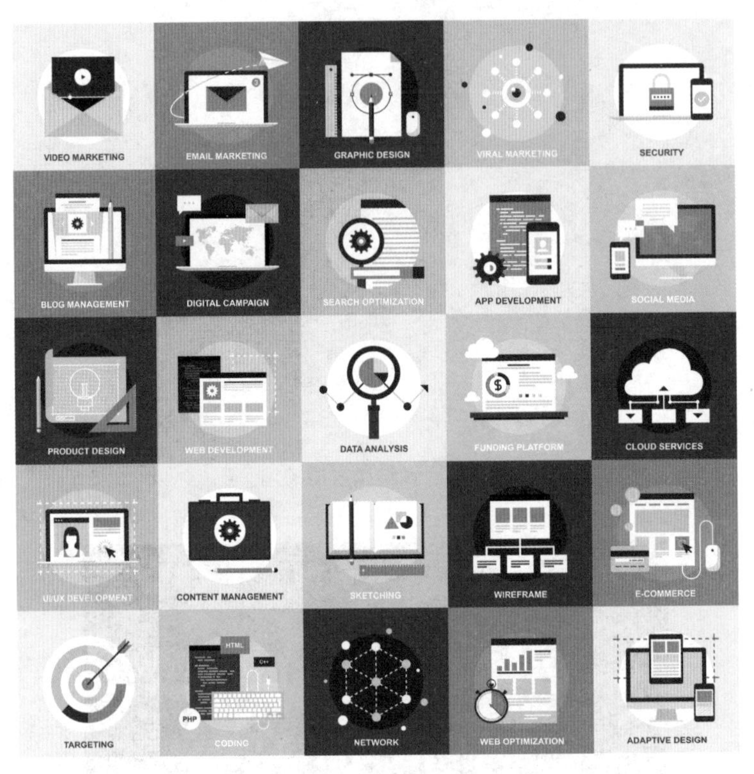

图 1.9　重复型布局的网页

(9) 自由型布局。自由型布局结构是无规律的、随意的编排构成,给人以活泼、轻快之感。如图 1.10 所示为自由型布局的网页。

图 1.10　自由型布局的网页

(10) 满屏型布局。满屏型的版面主要以图像为素材。图像能够给网站带来强烈的视觉冲击力，不仅能够增强设计的美感，还可以突出网站的主题。在使用这种满版的图像作为网站主体或背景时，要充分考虑网站里每个页面之间的关系，如果只是个别页面取得了很好的效果，而不能和网站的其他内容很好地融合在一起，容易导致网站内容杂乱，适得其反。如图 1.11 所示为满屏型布局的网页。

图 1.11 满屏型布局的网页

以上总结了目前网络上常见的网页布局，一些别具一格的布局，关键在于创意与设计。对于版面布局的技巧，这里提供以下几条建议。

① 强化吸引眼球的视觉效果。

② 增强文案的可视化程度及可读性。

③ 做到各网页统一的整体视觉效果。

④ 挖掘并找到布局的新鲜感和个性感。

2. 网页布局原则

网页布局要遵循一定的方法，这样做出来的网站才能符合用户的要求。

在布局过程中，可以遵循如下原则。

(1) 平衡。包括文字、图像等素材要在空间占用上分布均匀，色彩分配上给人以协调的平衡感等。

① 正常平衡：也称为匀称，多指左右、上下对照形式，主要强调秩序，能让人感到安定和信赖。匀称是常见、自然的平衡手段，这种方式通常用来设计比较正式的页面，不过也需要多种方式结合起来使用以加强效果。

② 异常平衡：即非对照平衡。这种布局能达到强调性和高注目性的效果。

③ 非对称平衡：非对称并不是真正的“不对称”，而是一种层次更高的“对称”。如果把握不好，页面就会显得乱，因此使用起来须慎重，更不可滥用。

④ 辐射平衡：页面中的元素以某一个点为中心展开就可以构成辐射平衡。

(2) 对称。

对称是一种美，但是过度的对称就会给人一种呆板、不够活泼的感觉。因此，要适当地打破对称，制造一点变化。

(3) 对比。

让不同的形状、色彩等元素相互对比，形成鲜明的视觉效果。比如利用色彩、色调的变化等技巧来进行表现，在内容上也可以作古与今、新与旧、贫与富等对比。

(4) 疏密度。

网页做到疏密有度，适当进行留白，改变行间距、字间距，来制造一些变化的效果，体现网站的格调及品位的优越感。

(5) 比例。

比例适当，在网页布局中非常重要。虽然不一定都能做到黄金分割，但是比例一定要使读者感觉协调。

上述设计原则需要用心领会、灵活运用，才能在页面布局中大放异彩。

3. 网页布局步骤

网页布局是一个创意的问题，但是比网站整体的创意容易、有规律得多。下面介绍网页布局的具体步骤。

(1) 构思并且形成多个草稿。

新建页面就像一张白纸，没有任何表格、框架和约定俗成的东西，读者可以尽可能地发挥想象力，将自己想到的景象画上去(可以使用纸笔或绘图软件实现)。这属于创造阶段，不讲究细腻工整，不必考虑细节功能，只以粗陋的线条勾画出创意的轮廓即可。尽可能多画几张，最后选定一个满意的设计，作为继续创作的脚本。

(2) 在选定草稿基础上，进行粗略布局。

在草稿的基础上，将确定需要的功能模块放置到页面上。主要包括网站 Logo、Banner、导航条、新闻、搜索、友情链接、广告条、计数器、版权信息等。必须本着突出重点、平衡协调的原则，将最重要的模块放在最显眼、最突出的位置，然后再考虑次要模块的放置。

(3) 将粗略布局优化、形成定稿。

将粗略布局进行精细化、具体化处理。

4. 网站规划设计中的注意事项

网站规划设计中须注意如下问题。

(1) 可先用笔画出网站框架的草稿。

(2) 可在使用计算机制作前，考虑好页面的布局和内容上的构思。

(3) 慎用特殊字体。

网站中显示的字体是由当前计算机已安装的字体所确定的，因为无法预测访问者的计算机上是否安装了同样的字体，若没有则系统会用默认字体来代替，这样会使原先的效果完全改变，因此要慎用特殊字体。若要使用特殊字体，一般可通过图像处理软件把该段文字处理成图片，使访问时效果一致。

(4) 页面中避免长文本。

冗长的文本页面是令人乏味的。人们为了阅读这些长文本，不得不使用滚动条，往往使访问者放弃阅读。一般可以通过分段、分页面、加大文本内容字体等方法来方便访问者阅读。如许多图书阅读网站将原先实体书中一页的内容，分为几段在网上显示，字体往往比普通字体大。还可以提供离线阅读的文档以便访问者下载后阅读。

(5) 网页内容要易读。

关键是要规划好背景色调和字体颜色之间的搭配，以及字体大小和字体种类的选择。

(6) 图像的运用。

图像是为网站主题服务的，图像要兼顾大小和美观，合理采用 JPEG 和 GIF 等图像格式。

(7) 注重留白。

网页中适当的留白可以让访问者有更大的想象空间。而整个页面满满当当则不是很好的设计，除非是网站主题的需要，如一些门户类网站等。

(8) 注重对比。

对比可以给整个网站带来动态点缀，可以产生突出主题的效果。其影响因素有大小、颜色、字体、重心、形状、纹理等。

(9) 注重连贯。

要使整个网站有统一的风格，许多要素是必须保持一致的。这些要素通常包括布局、色调风格、字体、导航条等。

(10) 不要出现错别字，这是非常重要的。

1.2 网页的色彩搭配

网页设计属于一种平面效果设计，除了立体图形和动画效果，颜色的使用在网页的设计制作中起着非常关键的作用，色彩搭配成功的网站可以令人过目不忘。

1. 网页安全色

显示器屏幕上显示的所有颜色都是由红、绿、蓝三种基色调混合而成的。每一种颜色的饱和度和透明度都是可以变化的，用 0～255 的数值来表示。

网页安全色是当红色(Red)、绿色(Green)、蓝色(Blue)的色值为 0、51、102、153、204、255 时构成的颜色组合，一共有 6×6×6＝216 种颜色(其中彩色为 210 种，非彩色为 6 种)。这些色彩在不同的硬件环境、不同的操作系统、不同的浏览器中都能够正常显示，因此任何终端显示设备上的显示效果都是相同的。使用 216 种网页安全色进行网页配色可以有效地避免原有颜色的失真问题。

在使用浏览器访问网页时，如果网页中的目标颜色没有使用网页安全色，系统就自动通过混合其他相近颜色来模拟显示目标颜色，这种处理超出网页安全色范围颜色的方法被称为“抖动”(Dithering)。具体的方法就是选择两个类似的网页安全色进行交叉显示，但此时的显示效果通常都比较模糊。

216 种网页安全色是根据当前计算机设备的情况，通过反复分析论证得到的结果。尽管现在的网页设计师在设计网页时，已经不再需要考虑网页安全色的问题。不过由于不同的显示器在颜色的显示上还是存在偏差，也可能是不同的显示器的颜色校准没有做好，或者受观看角度、光环境的影响等，人们对于同样的颜色在不同浏览器、不同显示器上显示效果的感觉可能未必一致。因此，网页安全色对于一个网页设计师来说是必备的常识，利用它可以拟定出更安全、更出色的网页配色方案。

2. 网页配色

不同的颜色有其不同的使用效果。下面说明一些常用颜色的使用效果。

- 粉色：女性的、浪漫的、温柔的、幸福感、可爱的、优雅的、孩子气的、妩媚的、非现实感等。
- 红色：热情的、女性的、优雅的、有活力的、温暖的、健康的、危险的、暴力的等。
- 橙色：健康的、开朗的、有朝气的、轻便的、有亲切感的、清新的、有攻击性的等。
- 天然色：安定的、宽裕的、朴素的、文雅的、寂静的、内向的、质朴的、闭锁的等。
- 蓝色：清爽的、清凉感、信赖感、冷静的、幽静的、忧郁的、寂寞的、冷淡的、未成熟的等。
- 黑色：正式的、高格调的、讲究的、高级感、厚重感、不吉利的、昏暗的、邪恶的、绝望感等。

所谓配色，简单来说就是将颜色摆放在适当的位置，作一个最好的安排。不同的颜色搭配可以产生不同的表现效果。配色要根据不同的设计任务，通过颜色的搭配，来改变空间的舒适程度和环境气氛。同时在设计网页时，考虑到网页的适应性，应尽量使用网页安全色。网站的类型不同，其目的和侧重点也不同，下面主要从网站的类型层面来简单说明色彩在网页上的应用。

(1) 门户类。

其主要目的是方便用户在海量的信息中快速、有效地进行目标选择，因此页面色彩一般都倾向清爽、简洁的选择。代表性网站：搜狐、网易。

(2) 社区类。

其主要目的是使操作简单、易用，提高用户长时间使用的舒适度，提供特色鲜明的服务，因此页面色彩也倾向于清爽、简洁的选择。代表性网站：猫扑、人人网。

(3) 公司企业类。

其主要目的是展示企业形象，如用户的品牌印象，可以应用 Logo 的主色系进行设计，达到品牌形象的统一。代表性网站：中国移动、中国电信。

(4) 电子商务类。

其主要目的是使用户可以方便、快捷地查看商品和进行交易，运用暖色调渲染气氛，可让用户感受到网站整体的活跃氛围，给人带来愉悦感。代表性网站：京东、阿里巴巴。

(5) 产品类。

其主要目的是展示产品的特性，提升浏览者的消费欲望，页面色彩可根据具体产品定位作多样化设计。代表性网站：三星、苹果。

(6) 个人类。

其主要目的是满足用户个性和能力展示的需求，页面色彩设计应该多样化、个性化。代表性网页：个人的新浪博客。

(7) 其他类。

主要指的是工具类、活动类网站，其主要目的是便于用户使用，设计时要多考虑用户体验。

下面从中小企业形象网站、行业类综合网站以及电子商务商城网站中，选择性地展示一些具有代表性的网页，并进行介绍说明。

1.3 赏析网站页面设计

1. 中小企业形象网站

该类型网站作为电子商务网站是用户经常遇到的。区别于大型公司的综合型网站，这些分别属于制造业、商贸业、IT 通信业等中小企业的形象网站，整体网站布局常采用骨骼型布局。整体网站的配色多采用公司的标准色、Logo 的颜色以及和企业主题相联系的颜色，或者是蓝、灰等体现商务简约风格的色调。如图 1.12 所示为立邦油漆网站的主页，如图 1.13 所示为九鼎集团网站的主页。

图 1.12　立邦油漆网站主页

网站导航条的设计也基本决定了该类型网站的二级页面栏目分类，该类型企业网站的常见栏目有：指示主页的“首页”、介绍企业的“关于公司”、展示新闻的“新闻中心”、展示产品的“产品中心”、体现服务的“营销网络”和“售后服务”、介绍人力资源的“加入我们”和体现联系方式的“联系我们”等。

在网页中用于宣传的 Banner 条，现在逐渐变成主页中起主要修饰作用的模块，主要由动态动画或静态图像组成，其大小也在逐渐变大，更为醒目。该修饰图像主要由图像素材和文字组成。常见的图像素材有企业产品、企业建筑、企业人员、企业工程项目、和主题相关的修饰图像、说明资质的图标等。文字主要由企业文化、宣传口号、产品描述等构成。

主体部分主要是各栏目的具体信息。底部一般是版权信息、友情链接、企业联系方式、说明性信息等。二级页面为了保持网站整体的风格，往往只是页面主体部分不同。当然也有一些例外，如服装、汽车等制造业企业的网站，则更注重网站的展示功能，以大量的修饰动画、图片素材修饰为主。

2. 行业类综合网站

该类型网站的布局结构常采用骨骼型布局。主要特色是因其属于行业性门户网站，主页上的资讯非常丰富。由于访问对象主要是行业内企业及相关人员，因此资讯的及时、全面、准确就成为网站的首要因素，美观等因素则是次要。同时广告收入是该类型网站的重要收入来源，因此该类型网站会在页面上大量放置相关行业的企业广告。如图 1.14 所示为中国线缆网网站的主页。图 1.15 所示为机电之家网站的主页。

图 1.13　九鼎集团网站主页

图 1.14　中国线缆网网站主页

该类型网站即所谓的行业门户，可以理解为“门＋户＋路”三者的集合体，包含为更多行业企业设计服务的大门，丰富的资讯信息，以及强大的搜索引擎。搭建行业类网站还可以利用一些工具和成熟的行业门户网站解决方案来实现，做行业门户最核心的基础是庞大的行业数据量。行业门户网页架构技术＋自动采集与发布的搜索引擎技术＋网站会员与互动的即时通信系统，是行业门户网站搭建的最佳解决方案。该类型网站的导航条类目设计也是以企业的需求为导向来构成的。在网站的主体部分，行业产品的分类非常重要，是方便访问者寻找资讯的重要渠道。作为行业性网站，论坛部分在网站中也占据了相当重要的地位，是访问者互相了解、互动、分享资源的地方。

行业网站作为第三方电子商务平台一支重要的力量，大力推进着中小企业电子商务的应用进程，成为企业网络营销的重要途径，有效地将流量转化为商业价值。中小企业实施网络营销的主要途径是通过搜索引擎和第三方电子商务平台来进行的，其中第三方电子商务平台越来受到中小企业的青睐，成为其进行商务活动、获得订单的主要途径。

3. 电子商务商城网站

京东商城是国内较大较专业的从事数码、家电、百货类购物的网上商城之一。如图 1.16 所示为京东商城的网站主页。京东商城的版面布局大致是骨骼型布局结构。色调为喜庆的红色。京东商城的顶端部分由网站的 Logo 和导航条组成。网上购物商城的性质决定了它的导航条一般不同于前文所述的企业网站的导航条。网上购物商城的导航条的主

图 1.15　机电之家网站主页

要类目是由主营业务的分类构成的，京东商城的导航条包括服装城、美妆馆、超市、生鲜、全球购、闪购、团购、拍卖、金融等营业分类。

京东商城左侧为商品分类导航菜单样式，包括家用电器、手机数码京东通信、电脑办公、家居家装等 15 个主营分类。由于为商品分类导航菜单添加了鼠标滑过事件，因此鼠标滑过时会向右侧弹出对应的二级菜单。在购物时，访问者通常会在搜索框中输入需要选购的物品名称或关键词来查找相应的物品，如果不知道需要选购的物品的名称，则可以通过左侧的商品分类导航菜单，找到物品对应的分类，一级一级地查找，直到找到该物品。

在导航条的上方，页面中间有搜索栏，方便访问者搜索相关信息。中间主题部分是商品促销信息区。由自动轮换的促销活动图像或者动画组成。下面是橱窗展示区，就像实体店铺中的橱窗一样。电子商务网站主页能显示的内容有限，为了尽可能多地展示商品，一般来说橱窗展示区中每个商品都采用小的缩略图加上简要的标题文字和价格进行展示。在主体

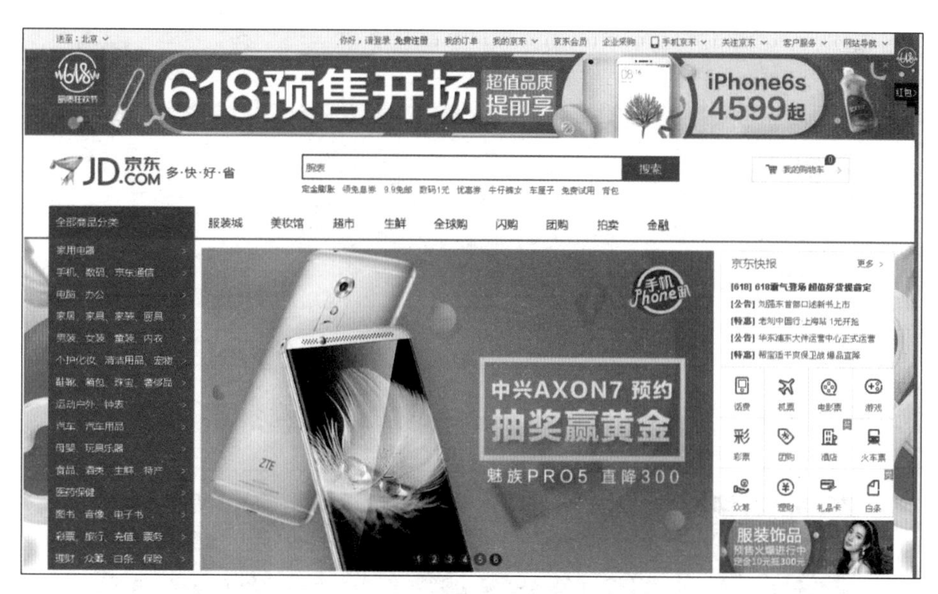

图 1.16　京东商城的网站主页

部分右边的列表中，常设置相关的畅销排行榜、特卖活动信息等来帮助访问者挑选商品。

页面左侧则是分类列表，采用层级式的分类列表索引可以体现比较强的层次关系和比较好的扩展性，同时也能够比较容易地展示商品的位置。京东商城采用了三层的结构来展示其经销的商品，有如立体的货架。在底部，网上购物商城除了常见的版权信息等外，还有“购物指南”“配送方式”“支付方式”“售后服务”等解决访问者购物疑问的栏目信息。

下面介绍另一个网站——想购网。它是典型的立足于区域服务的电子商务商城网站，主要是一个为杭州主城区百姓和单位提供农副产品的网上商城。如图 1.17 所示为想购网的网站主页。

该网站的布局结构和京东商城类似。作为商城这种需要直接面对消费者的电子商务网站，其客服电话往往放在首页顶部显著的位置，便于消费者查找的搜索栏也放在页面顶部导航栏上方或者下方的显著位置，另外一个会放置的顶部显著位置的就是“我的购物车”。主体部分也与一般商场类似，从左到右依次为分类列表区、促销宣传区、橱窗展示区、相关信息动态区等。具体商品均由商品图片、商品名称、规格、价格等构成。主页的底部一般是常见问题、友情链接、网站版权、备案等信息，而购物的网上商城其主页底部则有常见的“购物指南”“付款方式”“配送方式”“售后服务”“关于我们”等栏目。

二级页面一般是具体某样商品的描述页面，结构和主页类似，首先是该商品的不同展示图片，图的右侧是该商品的名称、规格、运费、价格、付款方式等。之后是“加入购物车”“立刻购买”“加入收藏”等处理该商品的按钮。下面则是详细的“商品介绍”“用户评价”等栏目。网上商城展示物品信息的目的是为了帮助顾客了解物品，促进商城销售。想要有效地展现物品信息，需要图文并茂，从“图”的角度来看，需要从顾客的视角出发，以清晰度高的图片，多角度地呈现，既要有整体图、局部图，又要有实际使用情况图。从“文”的角度来看，要以清晰明了的文字说明物品的性能、价格、运费等信息，另外顾客也多从售后评价中获取到相关信息。对于同样的物品，网站页面设计较好的网上商城更能吸引顾客进行消费。

图 1.17　想购网的网站主页

1.4　网页设计常用布局

当当网、亚马逊、京东商场等都是现在知名的网上购物商场。电子商务网店从结构上来讲和网上购物商场非常类似。可以按照网上购物商城的设计方法进行规划设计。以淘宝网为例，可以参照其店铺结构示意图(如图 1.18 所示)来设计制作。店铺的招牌区是网店顶端的部分，可以放置网店 Logo、Banner 条和导航条的组合。左侧模块 A 和左侧模块 B 经常放置一些店铺告示板、信息栏和排行榜等。宝贝分类是网店中最主要的分类列表。促销模块是网店的促销信息区。右侧模块 A 和右侧模块 B 常用于显示橱窗展示区。

除了图 1.18 所示的淘宝店铺结构图外，网店装修常用布局还有如下几种形式，它们主要包括分组清晰型、展示形象型、注重搭配型等。

版式 1：分组清晰型。

如图 1.19 所示为分组清晰型版式，该网店首页的布局中，将店招(店铺招牌)、导航和欢迎模块都设计为宽幅的画面效果，可以拓展顾客的视野，给人广阔的视觉感。

在网店首页的其他区域中，通过使用标题栏对每组不同类型的商品进行分组，给人一种整齐利落的感觉，并且可以简单、正确地表达相关的商品信息，整个版式显得更具条理。在分组中适当添加客服区，有提示作用而且不影响整体的布局。适当地运用留白和分割，能给人一种视觉上的舒适感，表现出清晰的分组效果。

图 1.18　淘宝旺铺主页结构示意图

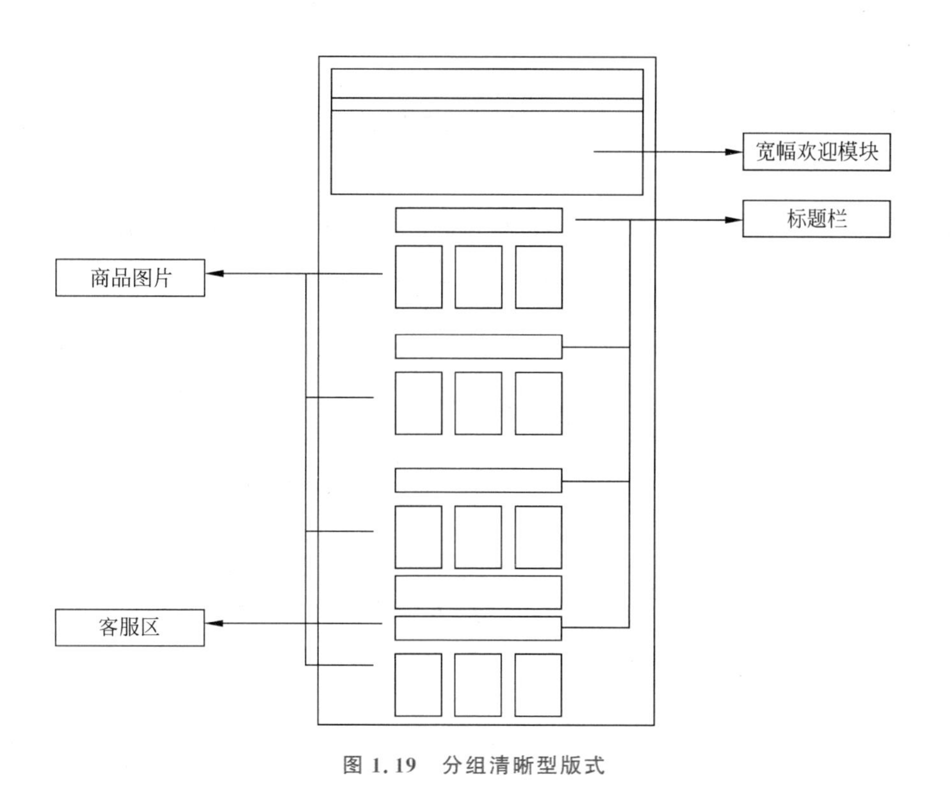

图 1.19　分组清晰型版式

版式 2：展示形象型。

如图 1.20 所示为展示形象型版式，该布局是将店招和导航设计为宽幅的效果，而将欢迎模块设计为标准的尺寸大小，由此来配合下方的信息内容。应用这样的版式要注意背景的设计，尽量使用纯色和浅色底纹的图案，避免造成喧宾夺主的效果。

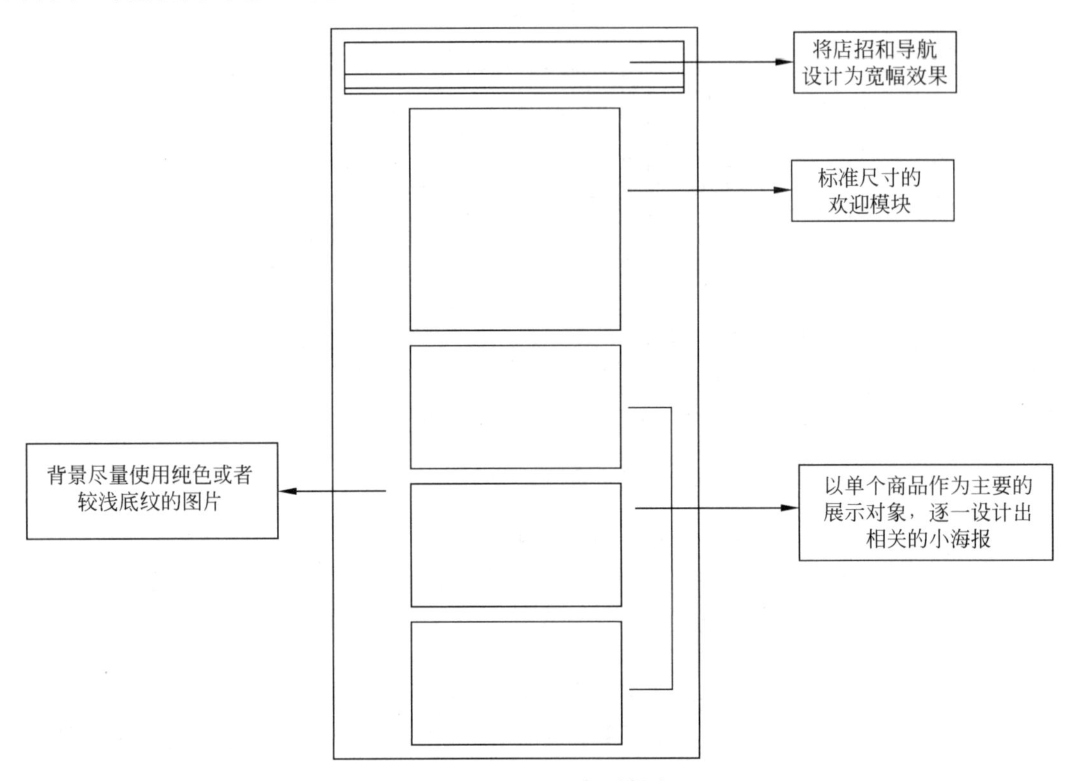

图 1.20　展示形象型版式

网店首页的下方使用大小相同的海报来对单个商品进行展示，让整个版式体现出强烈的秩序感，能够将各个商品进行平衡的展示，但是缺点是所能呈现的信息量有限，而且较为单一，因此要注意整体色彩和风格的把握。

版式 3：注重搭配型。

如图 1.21 所示为注重搭配型版式，该网店首页的布局将店招、导航和欢迎模块都设计为宽幅效果。值得注意的是，该布局中没有标题栏，而是将相关的商品进行有创意的、合理的搭配、组合在一个画面中，形成一个完整的效果。这样的设计对店铺中商品的种类要求比较高。

此外，在首页中还添加了活动展示区和客服区，把两个搭配区域分割开，这样的版式和内容的设计让网店中的信息更具节奏感，让每组信息都能很好地展现出来，不会增加顾客阅读的负担。

版式 4：引导视线型。

如图 1.22 所示为引导视线型版式，该网店首页的布局将文字信息与商品的图片进行对角线排列，形成 S 形效果，表达出一种自由奔放的感觉，并成功地营造出视觉上的动态感，能够让顾客的视线随着商品或者文字的走向进行自由的移动，看上去比较清爽利落。

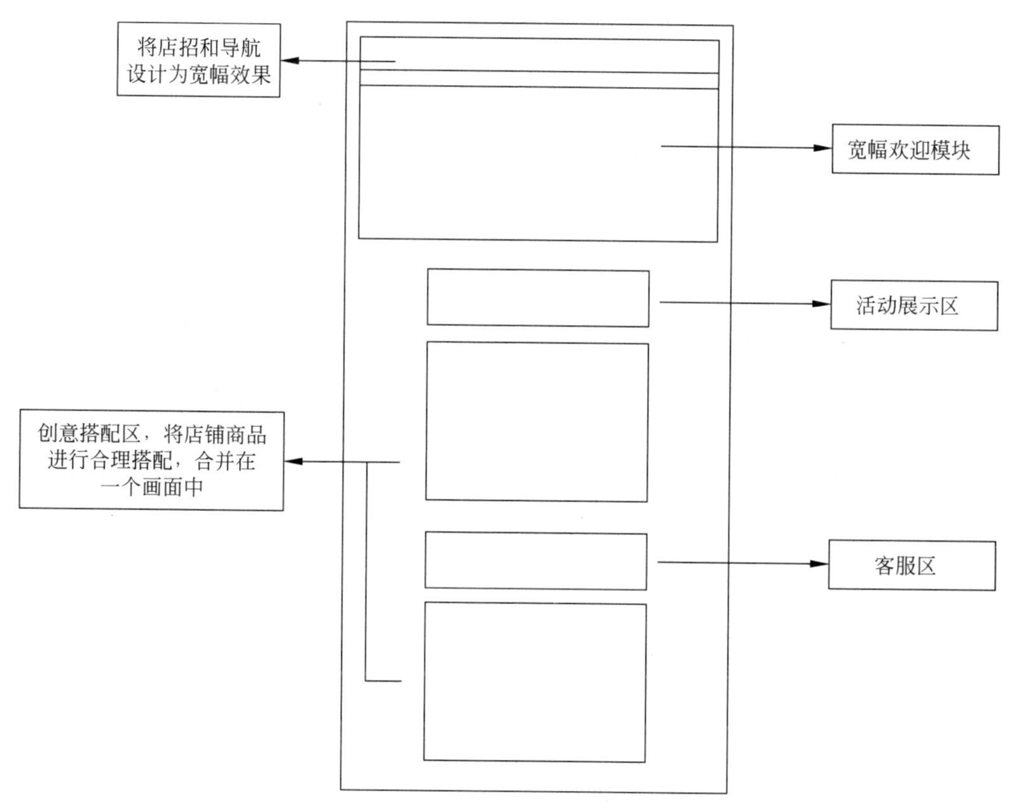

图 1.21　注重搭配型版式

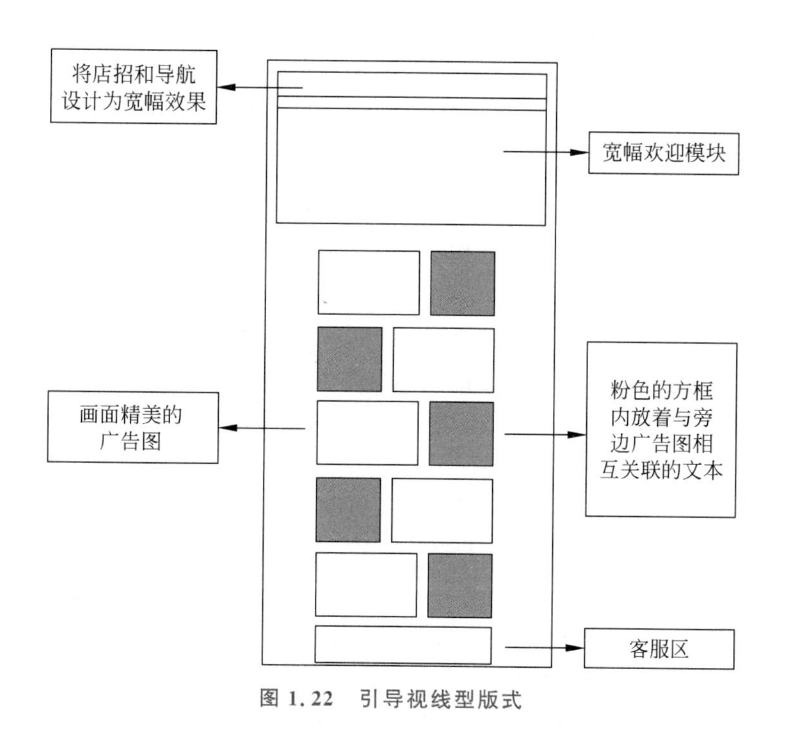

图 1.22　引导视线型版式

在首页的底端添加客服区，对版式起着总结和收尾的作用，同时提升了布局的实用性，让顾客能够及时地询问客服，提升了网店装修和布局的魅力。

版式5：集中视觉型。

如图1.23所示为集中视觉型版式，该网店首页的布局设计使用九宫格的布局方式对商品进行展示，将众多的商品一次性、等大地展示在顾客的面前，能够有效地表现出各个商品的形象，顾客能够将画面在短时间内形成一个整体视觉，从而形成一种统一感，把顾客的视线集中到一处。

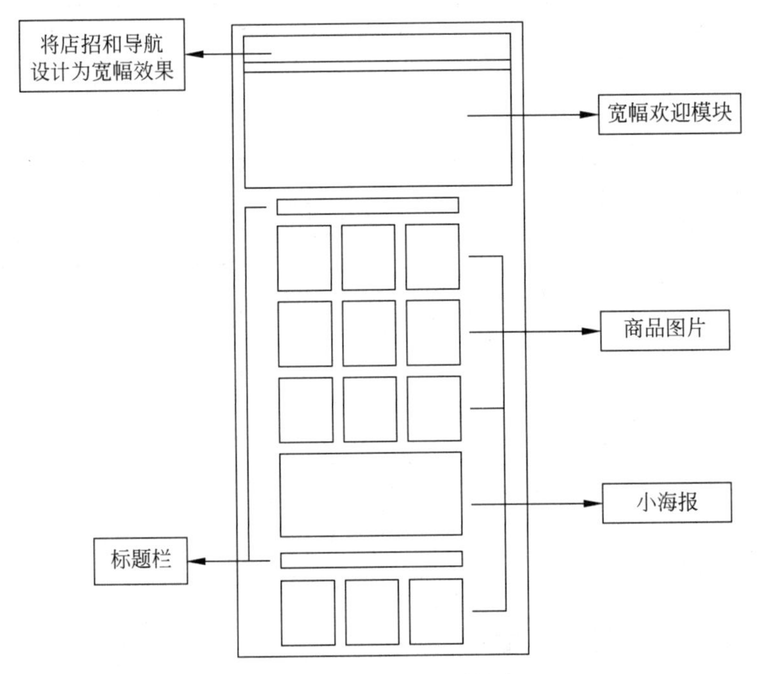

图1.23 集中视觉型版式

除此之外，还通过标题栏模块来让商品的信息分类更加清晰，并且通过小海报精致地展现出具有代表性的商品，有画龙点睛的作用。

版式6：信息丰富型。

如图1.24所示为信息丰富型版式，该网店首页布局包含了小海报、优惠券、标题栏、商品图片和客服区等，将首页中能够放置的信息基本合理地堆砌到了一起，使整个首页展示的信息看起来很丰富。对每个模块的大小进行观察，可以发现该布局是利用大小来营造出画面信息主次关系的。

布局中最大的亮点就是“商品图片”区域中的设计，利用递增的方式添加每行的商品数量，让顾客感受到商品的丰富，更加易于顾客接受，表现出一种安静而稳定的视觉效果。

版式7：对称页面型。

如图1.25所示为对称页面型版式，可以看到该布局将画面进行纵向分割，形成了左右对称的效果，体现出一种安静、稳定的氛围。这样的布局在运用的过程中，要特别注意设计图片的色彩搭配和信息的分量，尽量让整个画面给人和谐、统一的感觉，避免形成轻重不一的视觉效果。

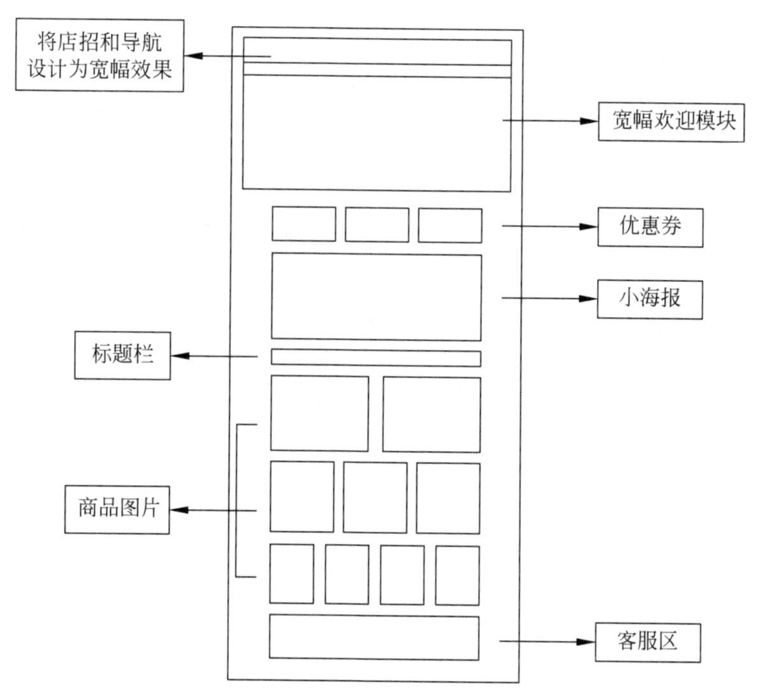

图 1.24　信息丰富型版式

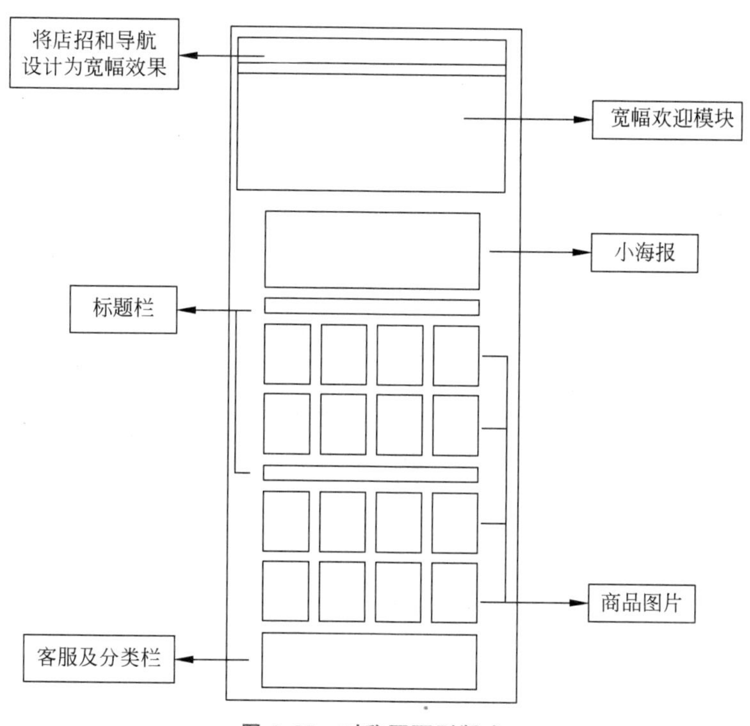

图 1.25　对称页面型版式

布局效果图所包含的信息也非常的丰富，为了避免画面呆板，在设计中可以适当地添加修饰元素来丰富画面内容，避免完全对称给人一种单一的感觉。

版式 8：金字塔型。

如图 1.26 所示为金字塔型版式，该网店的首页布局将广告商品在小海报中呈现出来，利用递增的方式对推荐商品区图片进行设计。活动商品区的图片的增多，可以采用逐一增加模块数量的方式打造出类似金字塔的布局效果，由于都是两组信息进行同时变化，给人一种自然过渡的感觉，有利于刺激顾客的感官，能够给浏览者留下深刻的印象。

这样的布局想要体现出和谐、统一的感觉，可以从画面的背景和修饰元素的添加上多下工夫，自然而然地表现出成列排布的商品的主次感。

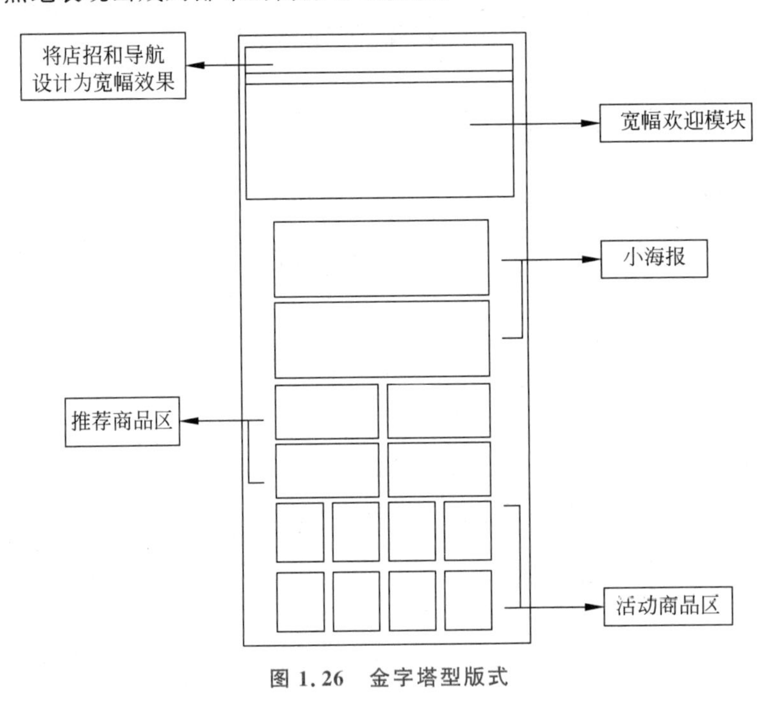

图 1.26　金字塔型版式

1.5　设计作业

以小组形式查找中小企业形象网站、行业类综合网站各 5 个，从设计视角综合分析其界面布局与配色方案，在小组内分享后形成设计报告。

第2章 交互设计基础知识

2.1 交互设计概述

交互设计、界面设计等词汇意思相近但又有不同，是容易混淆的设计类术语。从用户视角来看，用户接触的是设计实现的最终产品，通过该产品的某个局部区域的信息传递、转换、反馈，达到控制产品运行的目的。从这个流程来说，交互设计(Interaction Design)尽管不容易从理论层面解释，但在实际操作层面还是比较容易进行的。其中，涉及产品与局部区域两个概念。一般来讲，产品指的是提供给市场，用以满足用户需求，具有使用和消费价值的某种东西；而在网站原型设计领域，产品主要指代基于互联网的设计类产品，它是有别于有形产品的一种具有独特价值的产品，例如具有社交功能的微信、App 等。局部区域与界面设计息息相关，是产品受用户操控的出发点，其中还涉及硬件设计、软件设计等计算机信息技术，因此属于跨学科的交叉设计领域。作为一个具有交叉融合的设计作品，通常在其设计研发过程中需要设置里程碑等内容。

界面设计中的元素主要包括图、文等，由于面向人的信息需要聚焦，从设计视角来看需要重点关注字体、Logo 等设计应用。交互设计作为更宏观的设计表现，需要比界面设计考虑更多的细部设计，如按钮、排版、图标、颜色，甚至页面的音效等，通常是在迭代修改中升级界面的表现形式，表达出更为完善的设计体验。

交互设计是一个不断发展的领域，但其发展相对缓慢。例如当鼠标和键盘这样的交互工具发生变化时，交互设计领域才会发生变化。现在因为大量的用户开始接受移动电话相关的新技术，所以设计师就要去适应潮流并能在应用中采用类似于双指缩放、指纹解锁这样的交互手势。

产品最终面向的是用户，作为交互设计人员不仅要考虑产品设计的优质体验，向用户输出惊艳的具有科技感的交互设计，还要持续为用户提供贴心的设计服务，要考虑用户的年龄结构，终端设备、科技设备的使用难易度，颜色敏感程度等各种情况，真正达到以用户为中心的设计理念。

那么对用户来说，最好的设计是什么样的呢？最好的设计应该有很强的容错性。在理想情况下，设计师应该尝试创造可以让用户感到自由并能让他们无忧无虑地探索的产品。例如苹果公司的 App Store，当用户需要为应用付费时，需要单击应用的价格，再单击出现的“购买”按钮，在最后支付前还需要输入密码。这样的设计让用户在浏览时感到放心，不再需要担心一不留神购买了不需要的应用。

接下来我们继续学习交互设计的基础知识。为了深入理解交互设计的概念，这里采用另一种相对专业的语言解释。交互设计是指通过系统设计的方法，使人与机器在互动过程中更符合人的心理期望、达到既定目标，使用有效的交互方式让整个过程达到可用性高、用户体验好的设计方式。

1. 名词解释

本书会出现很多名称的缩写，都是与交互设计相关的高频词，如表 2.1 所示。

表 2.1 交互设计相关名词

名　　称	缩　　写	全　　称
用户界面	UI	User Interface
用户体验	UE/UX	User Experience
交互设计	IxD/IaD	Interactive Design
用户界面设计	UID	User Interface Design
用户体验设计	UED/UXD	User Experience Design
产品原型设计	PPD	Product Prototype Design
产品设计	PD	Product Design
信息设计	ID	Information Design
工业设计	ID	Industrial Design

(1) 用户界面(UI)。

用户界面其实是一个比较宽泛的概念，指人和机器互动过程中的显示界面。以生活中的实物为例，计算机的显示器、开机桌面、电视的播放画面等都属于用户界面。现在一般把屏幕上显示的图形用户界面(Graphic User Interface, GUI)都简称为 UI。

现在 UI 这个概念比较普及了，一般所说的 UI 设计师是指 GUI 设计师，也就是图形界面设计师，主要负责产品或网站中图形或图标的色彩搭配。总之，网站的风格或气质都属于 UI 的范畴。

(2) 用户体验(UE 或 UX)。

用户体验，国外一般叫 UX，国内叫 UE 的比较多。用户体验指用户在使用产品过程中的主观感受，比较直白的解释就是用户使用产品的整体感受如何。用户体验是整体感受，不仅仅来自用户界面，还受品牌、用户个人使用经验的影响。

(3) 交互设计(IxD 或 IaD)。

交互设计是指通过系统设计使人与机器互动的过程更符合人的心理期望、达到既定目标，使用有效的交互方式来让整个过程达到可用性高、用户体验好的设计方式。交互设计的主要对象是用户界面(UI)，但不仅限于图形界面 (GUI)，交互设计师还需要关注心理学、文化、软件工程、艺术修养、动效、需求分析等方面的内容。

(4) 用户界面设计(UID)。

用户界面设计不仅仅是做“漂亮的界面”，在实际的设计过程中会不可避免地涉及交互设计。所以广义地说，界面设计包含交互设计，但现在很少提这个概念了。现在的 UID 主要指前端界面，而交互更注重后端的流程和信息交互。

(5) 用户体验设计(UED)。

用户体验是个人的主观感受，但共性的体验是可以通过良好的设计来提升的，用户体验设计旨在提升用户使用产品的体验。互联网企业中，一般将视觉界面设计、交互设计和前端设计都归为用户体验设计。

实际上，用户体验设计贯穿整个产品的设计流程，是必然涉及的，只是重视与否。一名优秀的用户体验设计师实际上需要对界面、交互和实现技术都有深入的理解。国内有很多大型互联网公司内部组建了UED团队。例如，百度MUX、阿里UED等团队，UED团队一般由多个角色组成，如UI设计师、UE设计师、用户研究。

2. 交互设计发展史

交互设计的英文缩写大概已经让很多读者感到纳闷，在很多参考资料中对交互设计用ID的英文缩写，这其实并不准确，互联网技术领域里，ID通常指信息设计（Information Design），而在传统的工业技术领域，ID指工业设计（Industrial Design）。

所以，为了避免读者混淆现在的交互设计，一般缩写为IxD，也有人缩写成IaD。IxD和IaD其实都是交互设计的意思。

以上几个称呼看起来虽然比较复杂，但其中都有着千丝万缕的关系。关于交互设计的来历，网上广泛流传的一个版本是：Wikipedia上说是Bill Moggridge（IDEO的创办者，英国设计师）和Bill Verplank（研究人机交互的先驱，他获得了机械工程学士学位和斯坦福大学产品设计专业的学士学位，随后又在麻省理工学院获得了人机系统博士学位）两位前辈在20世纪80年代后期提出了"交互设计"概念，率先将交互设计发展为独立的学科。但网上又有大量资料显示，"交互设计"是由Alan Cooper先生提出来的设计方式，他也被推举为"交互设计之父"。

对于上述两种说法，笔者的了解应该是Bill Moggridge和Bill Verplank在20世纪80年代后期提出的概念，但当时不叫交互设计，而是后面由Alan Cooper改为交互设计，之前被称为Face Soft，所以这两种说法都可行。如果读者对交互设计的发展历史还有更多的兴趣，可以查看Wikipedia并阅读Alan Cooper先生有关交互设计的著作。

2.2 交互设计的应用

通常意义上的交互设计属于行为设计，与工业设计、软件设计等相关度高，而事实上，交互设计早就出现在人类的日常生活中，伴随着电视机、电冰箱、计算机等电器的广泛使用，交互设计无处不在。

如现在的电视机不再只有以前的红、黄、白三条线的AV接口，还拥有HDMI接口、USB接口等，将手机上的图片、信息等一键投屏的操作也相当方便，这些都是在产品的迭代升级、交互设计的基础上逐步实现的。随着人们对生活水平需求的不断提高，在工业技术、科学技术等大发展的加持下，人们将获得更多优质的用户体验。

然而，任何事物的设计都难以满足所有人的需求，如当人们要关闭Windows系统的计算机时，需要先单击"开始"按钮，再"单击"关机按钮，随后等待数秒后才能实现关机操作，整个过程略显烦琐。曾有人提出：计算机当前已经属于大众化的设备，归属于家用电器的行列。目前，家用电器的开关机大致是这样的——插上电源线，按下开关就开机；按下开关，拔下电源关机。这种"即插即用"式操作和计算机的操作不同，这类交互设计是否需要升级，需要工程师、设计师们的进一步调研与探索。

综上所述，现在的交互设计是一种普适概念。新入行的交互设计者不要局限于某一种产品做交互设计，我们要将概念理解清楚，运用于交互设计者所遇到的任何行业，这些都是可以进行交互设计创新的，而这也将是新的发展趋势。

2.3 交互设计师的修养与职责

交互设计师主要负责发现用户需求、建立明确需求、提出设计方案、制作设计原型、用户测试和评估等工作。以用户登录框为例，通常设计师只是关注界面的视觉效果，而交互设计师则需要关注至少以下四方面的内容。

第一，输入框的宽度、高度、默认状态下显示的文字内容。

第二，当输入框为 focus 状态，即获得焦点时给予用户很明确的状态提示，要让用户清楚当前是什么状态、可以做什么样的操作，以及有什么样的字符限制（如字符长度限制）和字符样式的限制。

第三，密码输入框，密码对于用户而言是很隐私的，这时候就要对密码进行隐藏保护，而对一些容易遗忘的用户而言，还可以取消密码的隐藏。

第四，对于当前状态的反馈，单击“登录”按钮时用户所填写的用户名和密码数据将被提交到后台，后台就会有一个相应的状态，并且明确地提示用户当前后台是在对用户所提交的数据进行加载，让用户能很明确地知道程序是在运行的过程中，当用户名和密码匹配正确时会跳转到相应的页面；如果匹配错误，后台需要验证用户名是否存在，如果存在该用户名，提示区会提示“密码错误”；如果不存在该用户名；提示区域会提示“暂无该用户，请注册”。

交互设计先驱 Bill Moggridge 曾经说过人人都能做交互设计师，专业的交互设计师变得没有必要存在。那么是不是这个行业真的没什么前景呢？

在网络上曾经看到过有人分享的两句话，我们认为可以解答上述问题：

前景——前景不是职业的前景，是人的发展前景；瓶颈——任何职业的瓶颈都一样：懒惰。在我们入门一项技术的时候要先看明白这两句话，觉得真心想做这件事的时候再决定入这行，否则后面越学越多，越学越累，自己就先放弃了。

依照目前的行情来看，交互设计行业的发展还是有非常大的空间的。

交互设计本身就有三个发展阶段，分别是初级交互设计、中级交互设计和高级交互设计。这个行业目前来看是靠技术和专业能力吃饭，就像游戏中的升级一样，你的级别越高，价值越高。其实这个行业将来的发展趋势还是不错的，只要能认真、用心做事，你就会取得不错的成绩。

这三个级别的交互设计是需要很多年的工作经验积累来达到的，从入行的“小白”到具有多年经验的“大牛”需要用心沉淀与积累。当你在这个行业干够了，希望转行的时候，如果具备产品思维和能力，可以考虑转行做产品，如果有运营者的思维和能力，可以跨行做运营，以及 UI 和 UE 等很多职位可以互转，还有很多其他相关岗位扩展，例如测试、需求分析、产品设计、工业设计。

对刚接触交互设计的人来说，了解什么是交互设计师，知道如何才能成为一名交互设计师是第一阶段的目标，因为只有这样才可以给自己明确学习目标，并策划成长路线，还可以在了解清楚交互设计师的一切之后再决定是否走交互设计这条路。

交互设计师在国外的职位是 Interaction Designer，国内则称为交互设计师。因为交互设计这个职业在国内还在快速普及与成长，目前交互设计师只有在少数公司才会有专门的职位，大多数集中在软件开发、移动应用（Mobile App）、互联网公司的体系内，而传统行业以及小公司则由 UI 或 PM 兼任工作角色。

很多人对交互的认知还仅仅停留在 GUI（图形界面设计）层面。实际上，交互不仅是界面设计，而是要兼顾逻辑与流程。

下面介绍交互设计师的修养、岗位职责等内容。总体而言，交互设计师需要具备以下素养。

- 交互设计需要具备专业、丰富的知识体系和持续学习的能力。
- 要有丰富的想象力用于构建产品形态，只有通过想象，构想出产品的样子之后，才能进一步编写代码实现它。
- 熟悉代码，防止被程序员忽悠，你要做交互设计，必须要了解计算机编程技术，最好自己会写，但最起码要能看懂基本的代码结构。
- 还需要学习一点心理学知识以了解人的心理，虽然跨行学习很难，但是只要接触到了这些知识对于设计来说都有好处。
- 保持阅读，无论是新闻、博客还是杂志或专业书籍。
- 做一个数据型设计师，也就是说，要对能接触到的任何数据都保持足够的好奇心和兴趣，因为保持数据敏感度会帮助设计方案走相对正确的道路。

交互设计师的岗位职责如下。

- 分析需求和数据，但是分析不是设计职责，主要职责是关于给用户展示梳理过的信息结构，所以交互设计师更像是一位建筑师。
- 需要懂得什么对程序设计人员是重要的，但是不需要知道怎样编程，只需要将代码要实现的功能形象化。
- 应当向负责程序的人员明确有什么具体功能以及将界面如何表达给用户，设计项目的第一部分是针对项目进行仔细研究，并分析出项目的核心功能。
- 提供专业分解之后的设计实施方案，并保证可用性。
- 对自己负责的项目要保证用户体验与产品收益预期达到平衡，不能为了产品收益极大地损害用户体验，这样会因为用户弃用产品导致项目失败，也不要为了追求极致的用户体验而忽视产品的投入成本，毕竟公司也需要保持正常运转，不能无限制投入。
- 一个新产品设计完成不是结束，而是开始。持续优化迭代是接下来的工作。
- 根据产品定位和需求做出详细的原型设计文档与交互设计说明文档。

交互设计师的执行内容主要包括。

- 了解需求，分析需求。
- 建立产品框架与业务流程图。
- 制作交互设计原型线框图、高保真原型。

• 将设计用文档化的形式展现。

• 针对产品构建用户建模方法、设计原则、设计模板。

交互设计师常用软件有 PowerPoint (PPT)、Axure RP、Justinmind、Visio 等。常用工具则有纸、白色书写板、2B 铅笔等。

不同等级的交互设计师也有不同的工作要求，下面摘录部分网络资料从初、中、高三个级别来介绍设计师的职责、素质等情况。

1. 初中级设计师

(1) 工作职责。

① 参与产品规划构思及创意设计过程。

② 归纳用户目标、用户任务。

③ 设计信息架构。

④ 设计用户操作流程。

⑤ 输出交互文档。

⑥ 制定交互设计规范并推进实施。

⑦ 参与用户研究，根据用户研究的结果对设计方案进行优化。

⑧ 参与前瞻性设计研究。

⑨ 对同类产品进行竞品分析。

⑩ 跟进、负责视觉设计的调整和验收(弱要求)。

(2) 工作要求。

① 3 年工作经验。

② 具有成功案例。

③ 能够进行用户研究及用户行为分析。

④ 独立完成交互设计过程。

⑤ 熟悉交互设计理论、交互设计方法、功能分析、用户角色分析、原型设计、界面开发、易用性测试。

⑥ 有一定的视觉设计基础。

(3) 基础素质。

① 注意细节。

② 善于观察和思考。

③ 强逻辑思维能力。

④ 动手实践能力。

⑤ 兴趣强烈、触觉灵敏。

⑥ 乐于分享。

⑦ 同理心强烈，擅长换位及独立思考，卓越的情景还原能力。

⑧ 理解、沟通、协调、文字表达能力。

⑨ 耐高压。

⑩ 英语(非必备)。

⑪ 具有大型互联网企业以及海外项目的工作经历。

2. 高级交互设计师

除具备初中级交互设计师的素质外，还需具备下列素质。

① 应用各种图形来表达设计思路与传递信息。

② 优秀的产品意识，良好的全局观、前瞻性和判断力，对产品总体规划有较深刻的理解。

③ 对用户需求和易用性有敏锐的把握能力，并思考解决方案，将其转化为设计理念和方案，贯穿于产品设计中。

④ 负责日常的运营活动，以及功能维护和设计支持，具有组织和项目管理能力。

2.4 交互设计师的知识体系

1. 需求分析能力

关于需求分析能力与需求挖掘，交互设计师一定要对其敏感，善于挖掘新的需求点。创新设计的起源就是有新的需求未被满足。

(1) 需求分析的目的。

- 与相关人员在工作内容方面达成一致。
- 使设计、开发、测试人员能够更清楚地了解需求，以便印证设计方案。
- 定义系统边界，形成需求基线，验收依据与实施依据。
- 为评估工作规模、工作量、成本和进度提供参考。
- 为开发计划的形成提供支撑。

我们在学习交互设计的路上不可避免地要与需求分析师打交道，需求分析师专门负责为公司各部门提供需求说明文档，其文档中的需求来自客户、市场调研或数据挖掘，也有可能会接收来自领导层的直接需求，这时候需要自己去分析。

(2) 交互设计需要掌握的需求分析知识。

- 能看懂需求分析师提供的文档。
- 在没有明确需求的情况下能梳理出一个明确的需求，并补充到需求文档中。
- 需求是不断变化的，可以持续迭代的，但是交互设计师在工作中要尽量以最少的次数确认需求，使需求“拍板”，否则无法进入设计阶段和研发阶段。这是最考验交互设计师的需求分析能力的地方。

(3) 学习需求分析的方法。

- 建立用户模型。
- 学习其他需求规格说明书文档模板。
- 掌握沟通需求能力，有很多用户不能清楚地表达他需要什么样的功能，作为交互设计师和需求整理人员，要能够善于沟通并为用户深入分析需求。
- 知道项目相关知识和专业背景，可以选择在参与项目时进行补充学习。
- 最终提供给开发和测试的是一个能够表达用例和需求边界并可以厘清产品逻辑的文档形式。

2. 流程逻辑设计

交互设计人员需要掌握以下知识。

- 流程图的概念。流程图是指将项目中的业务流转步骤图形化。
- 流程图的作用。方便设计者与决策者发现流程弊端，从而进行优化。
- 流程图如何制作。流程图有专业的制作工具，例如 Visio、思维导图、Axure RP 等。逻辑设计就是按用户（绝大多数）正常的使用逻辑进行设计。

3. 产品功能设计

设计产品功能是指基于业务需求的逻辑提炼产品的功能模块、核心功能模块、设计细节功能点。在进行产品功能设计时，注意不能脱离业务需求进行设计，一定要结合当前项目的业务需求进行产品功能设计。

4. 原型设计

在国内，几乎没有专职的原型设计师岗位，但总是提到原型设计，那么究竟谁在做这项工作？

- 产品助理在做原型设计。
- 产品经理在做原型设计。
- 交互设计师在做原型设计。
- UI 设计师在做原型设计。

这个职责通常来说应该属于交互设计师的职责范围，这是在公司没有专职的原型设计师的情况下由他人完成的。另外，根据公司的职位分布情况来看，如果交互设计师和用户体验设计师合二为一，那么这个职位就负责原型设计。

5. 编写交互设计文档（Design Requirement Drawing，DRD）与流程图

编写一份 UI 设计师、老板、研发人员甚至客户都能看懂的 DRD 是非常重要的。事实上，关于 DRD 的资料很少。这里简单介绍一下 DRD 的编写技巧。

- 逻辑条理清晰（针对领导层看框架）。
- 页面跳转关系展示合理（针对需求、产品看细节）。
- 交互动作与功能说明到位（针对研发人员看功能与特效，其实是工作量多少的判断依据）。
- UI 设计留白空间合理（UI 设计师是否还有发挥空间）。

6. 演讲（Demo）与演示（PPT）

若你没有一副好口才和强大的内心，在评审会上瞬间就会被淹没，大家七嘴八舌的各种需求变更会使你无法决策，所以演讲与解说的能力也需要具备。

演讲的能力往往是非常重要的，在面对需求评审、产品发布、产品演示等各种场景里具有较强表达能力的人往往能占到先机与优势。

7. 文案编写

所有的原型设计之初是没有任何素材的，这时你需要根据项目特点提取创作出文案，然后填写到原型演示 Demo 中，进入 UI 设计阶段后可能会出现市场与运营进行确认文案的过程。如果写出的文案能够抓住热点借势营销的话，那么你的项目必定会成功。文案代表品牌实力。

8. 顶层战略设计

从立项阶段起就参与顶层战略设计的交互设计师才是好的交互设计师，也就是设计的起点是自下而上的系统化设计方法。顶层设计又包括：信息资源的规划、架构的规划、基础

设施的保障等。

9. 用户研究

进行用户研究时，需要做到以下要点。

- 能够建立用户模型和用户用例。
- 懂得与用户建立 Feedback 关系，提供可持续迭代的依据或意见的收取、整理和分析。
- 挖掘用户行为数据，为下一代产品迭代提供依据。

10. 代码编程(仅须了解)

建议大家抽时间学一点 HTML、CSS、JS、PHP、Android、C#、JSP、Java 知识，不需要非常深入地学习，只需要懂得其开发流程、技术框架等信息，这样你就可以更容易地与开发人员进行沟通，从而让你的项目顺利实施下去。

2.5 设计作业

以小组形式查找生活、美食、摄影类网站各 3 个，从用户体验层面体会并总结用户在感官体验、交互体验、浏览体验、情感体验、信任体验等方面所需的舒适感，在小组内分享后形成设计报告。

第3章 网站交互设计知识

3.1 交互体验

交互体验设计主要是针对用户心灵、眼睛、耳朵、触感等的设计，如果想提供好的用户体验，就要从感官体验、交互体验、浏览体验、情感体验等方面入手。下面从交互体验这个角度展示网站交互设计的魅力。交互体验主要面向用户操作层面，强调易用性，一般包括但不限于会员申请、会员注册、表单填写、按钮设置、单击提示、错误提示、在线问答、意见反馈、在线调查、页面刷新、资料安全等方面。那么如何实现交互体验设计成了设计师的一大困扰。首先来欣赏一个精彩的交互网站，感受体会一下网站中的交互给我们带来的愉悦体验，从中思考如何开展适合的交互体验设计。

1. 让网页看起来像画一样

音乐是听觉的享受，每个人对于音乐的诠释是不同的，通常听众都是被动地听，而Labuat的音乐网站则让听众参与进来，将自己对于音乐的感受画出来，音乐与画面相得益彰。如图3.1所示为Labuat的音乐网站界面。

Virginia Meastro Diaz是2008年西班牙Telecinco所主办的Operación Triunfo歌唱比赛的冠军得主，与音乐界著名制作人Risto Mejide及The Pinker Tones(巴塞罗那舞曲大师二人组)三方组成了一个团体——Labuat，并合作了首张同名专辑。这张专辑还特别为其主打歌*Soy tu aire*制作了一个Flash网站，这个网站是由Herraiz Soto&Co.及badabing两家公司联合制作的，主要运用音乐搭配AS3的音乐振幅编程技术实现了“将音乐画下来”的构想。

这是一个西班牙文网站，打开网站映入眼帘的是一张黑白的手稿，画面安静得连时间都凝滞了，似乎是让我们在音乐盛宴前平稳情绪。单击play，就可以开始每个人的音乐体验。*Soy tu aire*音乐响起，我们的手伴随着悠长的音乐节拍情不自禁地滑动，神奇的画面出现了：水墨在鼠标下流动，流淌出一幅生动的水墨画，音乐或激昂或舒缓、或高亢或轻快，屏幕上的墨迹则或深或浅、或浓重或纤细，记录着我们的情绪，表达着我们对于音乐的理解。跟随鼠标飞舞的蝴蝶、飞鸟、蒲公英、鱼、烈焰红唇、人的剪影等画面，恰到好处地诠释着音乐的灵魂。画面大多数时候是纯粹的黑白，线条酣畅淋漓，在音乐的激昂婉转处，几抹红色和蓝色表现着我们情绪的变化。音乐播放完毕，我们的绘画创作也结束了。但是可以重温自己的体验，将整个绘制过程重放。这是一场音乐盛宴，鼠标随着音乐舞蹈，我们用各自独一无二的画面描绘出自己心目中不同的音乐。

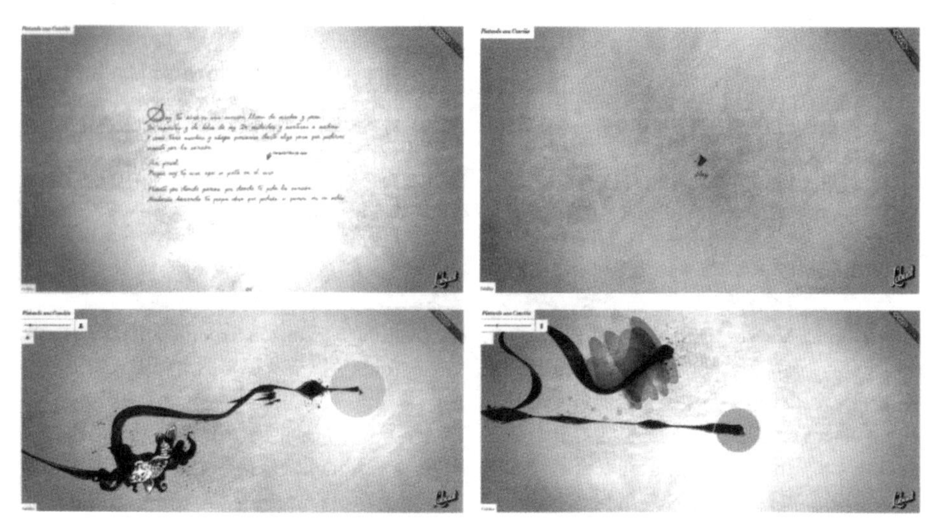

图 3.1 Labuat 的音乐网站

2. 参与网络广告

网络上的广告很多，对于浏览者而言，网络广告妨碍正常浏览，因此对于直白的推销越来越反感。如果受众参与的是一种隐形的推销，更能得到其认可。

(1) 菲亚特公益广告。

这则广告的画面很简洁，左侧是一辆菲亚特汽车，右侧是一杯啤酒。按照画面的箭头提示，用鼠标向下拖动啤酒量会减少，就如同体验者真正喝了啤酒一样，而左侧的汽车随之压扁，车玻璃的碎屑也溅出来。如图 3.2 所示为菲亚特公益广告界面。

当啤酒基本见底的时候，汽车已经被压成一团，露出广告语：Dot't drink and drive.，画面虽然简洁，却使浏览者体验到了震撼的效果，广告效果不言而喻。

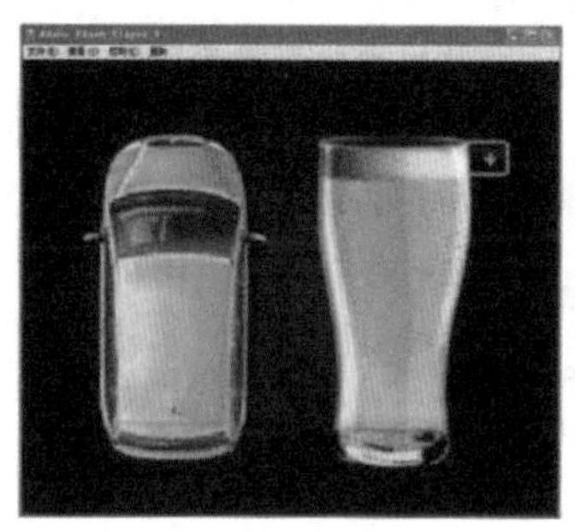

图 3.2 菲亚特公益广告界面

(2) 丰田汽车广告。

同为汽车广告，丰田 YARiS 车的广告也非常巧妙，画面上四辆不同的 YARiS 车，分别标示 A、S、D、F，浏览者可以用鼠标单击汽车，就会发出敲锣打鼓的声音，每辆车的声音各不相同，也可以用键盘上的 A、S、D、F 键进行控制弹奏一首打击乐。如图 3.3 所示为丰田汽车广告界面。

浏览者还可以将自己的演奏录制下来就行播放，这样，由于浏览者的参与，这则广告变得易于接受，YARiS 车也在大家的娱乐参与中不知不觉地被认知。

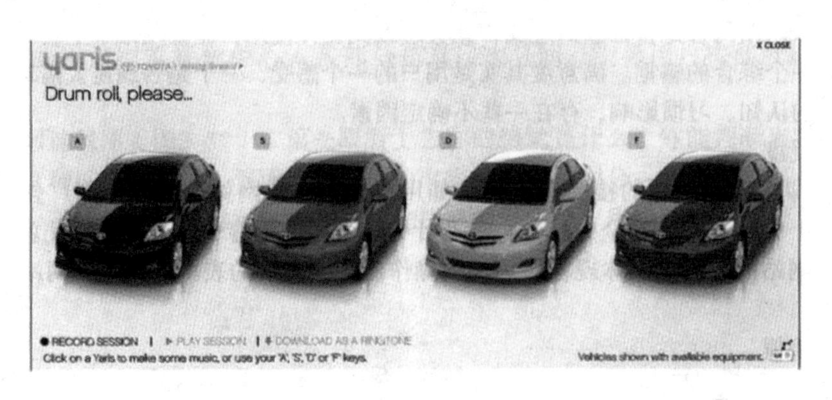

图 3.3 丰田汽车广告界面

3.2 用户体验

用户体验是指用户访问一个网站或者使用一个产品时的全部体验感受，包括他们的印象和感受是怎样的，是否还想再来使用，以及他们对出现的问题的忍受程度等。下面分别从用户体验的内涵与作用两个方面进行说明。

1. 用户体验的内涵

总体来说用户体验可以包括满意度、忍受度、期望值三个部分。

(1) 满意度。

当用户第一次访问网站时会有一个第一印象，从 UI 设计、内容等方面，用户会有一个宏观上的印象，如果网站内容是自己感兴趣的，则会继续浏览并使用，在使用细节上会对网站的访问和使用流程有一个综合的感受，一个是否满足主要需求的感受，这受用户自身的认知、习惯影响，存在一些不确定因素。

(2) 忍受度。

忍受度即用户对问题的接受程度，比如用户访问一个网站，看到一则广告，并不影响浏览的热情，但是再往下看全是广告，没有什么有价值的内容，从此就不会再上这个网站了。用户对网站的容忍度还体现在对烦琐的操作流程、复杂的表单设计以及网站 BUG 等方面的接受程度。

(3) 期望值。

用户在浏览网站或者使用网站产品功能时会有一个期望值，通过这个期望值与当前浏览的网站进行对比从而产生一个差异程度。当用户深入访问一个网站的时候，会下意识地再一次生成期望值。如果这次访问得到的收获高于期望值，则会形成较好的用户体验，反之可能会有“上当受骗”的感觉。

2. 用户体验的作用

作为设计师，我们不可否认设计的真正使用者是用户，在进行设计时要从用户的角度上去进行策划和设计，要从整体去衡量用户在网站内容、视觉设计、操作流程、功能设计等多个方面的用户使用感受，以提供用户最完善的使用体验。

事实上，不仅仅是网站、软件、计算机、影碟机、手机等，任何交互产品的设计，都必须要以"人性化"的思维方式，充分考虑用户在使用时的感受，才能开发出令人满意的产品。设计师必须明白，用户根本不在乎设计师采用什么技术，有什么深刻的内涵，他们只需要感到好用、方便、舒适就可以了，做到这一条，设计的目的也就达到了。因此，用户体验虽然是包含不确定因素的主观心理感受，但它是衡量一个网站是否受欢迎、网站策划设计是否成功的重要标准。

3.3 可 用 性

可用性是交互设计基本而且重要的指标，它是对可用程度的总体评价，是良好用户体验的衡量标准，是从用户角度衡量产品是否有效、易学、安全、高效、好记、少错、有满意度的质量指标。

互联网资源非常丰富，用户的选择余地非常大，可以自由地浏览网站，那些使用流畅带来舒适感的网站会让用户悠闲地冲浪，如果网站设计的像迷宫一样让人摸不着头脑，这样的网站只能让人心烦意乱，一走了之。

可用性好的网站会极大提高用户的体验，并且良好的用户体验会让用户更加快乐，用聪明的设计满足用户，而不是阻挠他们。

1. 视觉表达清晰

一个网站中的信息很多，这么多的内容必须要整合分类，各个内容之间要有明确的划分。哪些信息是要首先传递给用户的？这是首先要确定的，网站是用来浏览的，用户最想得到的那些信息自然是吸引用户浏览网站的重点，即用户浏览的视觉中心。一个好的网站要有明确的用户浏览视觉中心，各部分信息要层次分明，引导用户按部就班地浏览网站信息。

2. 信息言简意赅

网络用户一般不会在线精读文本内容，通常是快速浏览，因此，应该尽量使用简短、醒目的文本，这样可以方便访问者快速获取主旨信息和中心思想。

简洁的方式更让人易于把握，在快节奏的现代生活中，如果需要用户了解你的信息内容，就必须以最快的速度让用户感知。

3. 操作简捷

设置超文本链接的目的是被单击，确保它们很容易被单击才有意义。太小的链接单击难度太高，可单击区域大，则单击起来非常方便。例如，注册表单是网站中重要的交互信息，但是，长而烦琐的表单设计，往往会成为用户注册的障碍，通过尽可能缩短注册表单的内容，我们可以减少这种阻碍。

事实上，大多数注册系统的目的通常仅仅是能够识别每一个用户，所以，分析注册表单的所有信息，其最基本的要求就是一个独特的用户名或是 E-mail 地址，还有一个密码。注册普通用户根本不需要那么多的个人信息，如果你不需要更多信息，就不要问得过多，让表单尽可能短。当然，如果是注册 VIP 用户就不同了。因此，在进行表单设计时就要充分考虑到功能需求，尽可能简化流程，让用户享受这个过程，而不是设置障碍，让用户郁闷、放弃。

3.4 网站用户体验改进方法

1. 视觉方面

在改进阶段可以从视觉方面、交互方面等改进用户体验。视觉方面的改进是直观有效的,不同的颜色所带给用户的感觉是不同的,这是要视具体场景而定的。如冷色调倾向理性、冷静,暖色调倾向热情、感性、女性等。

2. 交互方面

工具类产品需要强调易用性,操作要简单有效,因而交互设计效果不宜过于花哨,要能使用户第一时间完成其目的。社交、娱乐等产品,考虑到用户使用时心情相对比较轻松,可以通过一些更有趣的交互效果和用户形成人机互动,使用户得到一种心情上的满足感。

3. 文字方面

在文字方面的处理同样与用户体验有关。大部分在文字的处理上要以简洁明了为主。如果用户的年龄较低,则可以增加一些有趣图案,明快的色彩,以减少与用户之间的距离感;如果用户年龄已经比较成熟,那不适合过于趣味性,应表现得更为稳重。

3.5 设计作业

基于交互设计师的职责,针对第 2 章设计作业中查找到的网站,从用户体验层面提出视觉、交互、文字等方面提升体验的建议,并进一步完善设计报告。

第 二 部 分

网站原型设计工具篇

第4章 Axure RP 软件的使用

4.1 Axure RP 软件概述

当我们获得了若干创意思路和灵感时，需要把它们变成比较直观的设计效果，我们需要动手把它们绘制成草图，即设计的原型图。原型图的绘制可以帮助我们把抽象的想法具体化，对不完善的创意进行补充，对已经成型的思路进行扩展和充实。原型图的绘制形式多种多样，可以是绘制在纸上、白板上，也可以是用计算机绘制出来的。本书涉及的原型图一般指是用 Axure RP 软件完成产品用户体验设计的第一个阶段——原型图设计。

Axure RP 软件是美国 Axure Software Solution 公司的旗舰产品，其中 Axure 代表公司名称，RP 则表示 Rapid Prototyping 也就是快速原型的缩写。Axure RP 作为一款制作网页原型图(或称为网页线框图)的软件，可以用它制作出逼真的、基于 HTML 代码的网站原型，用于评估、需求说明、提案、融资、策划等各种不同的目的。更精彩的是，该原型可以响应用户的单击、鼠标悬停、拖动、提交表单、超链接等各种事件。除了真实的数据库支持外，它几乎是一个真正的网站——不仅仅是图片，而是集合了 HTML、CSS、JavaScript 效果的、活生生的网站。使用 Axure RP 软件，能够让你在做出想象中的网站之前就先体验和使用你的网站。

Axure RP 软件可以使用于 Windows 系统和 OS X 系统，为了方便学习，本书中的截图统一采用 Axure RP Pro 7.0 的 Windows 版本进行讲解。

Axure RP 包含以下三种不同的文件格式：第一是.rp 文件，是设计时使用 Axure RP 进行原型设计时所创建的单独的文件，也是我们创建新项目时的默认格式。第二是.rplib 文件，是自定义部件库文件。可以到网上下载 Axure 部件库使用，也可以自己制作自定义部件库并将其分享给其他成员使用。第三是.rpprj 文件，是团队协作的项目文件，通常用于团队中多人协作处理同一个较为复杂的项目。不过，在自己制作复杂的项目时也可以选择使用团队项目，因为团队项目允许随时查看并恢复到任意的历史版本。

4.2 软件安装与汉化

根据用户使用的计算机设备，选择不同的 Axure RP 安装包软件进行安装。针对 Windows 系统的安装包的后缀名为.exe，针对 OS X 系统安装包的后缀名为.dmg。完成安装包安装操作后，Axure RP 打开后呈现的是英文界面，因而还要为软件使用对应的汉化包为其软件进行汉化操作。软件汉化操作一般来说，就是将对应的汉化包复制到指定位置即可实现软件汉化。

可以通过双击计算机桌面上的 Axure RP 图标，看到运行 Axure RP 的界面(如图 4.1 所示)。我们将界面分成 9 个区域，分别是：工具栏、站点地图面板、部件面板、母版面板、页面区、页面设置面板、部件交互和注释面板、部件属性和样式面板、部件管理面板。

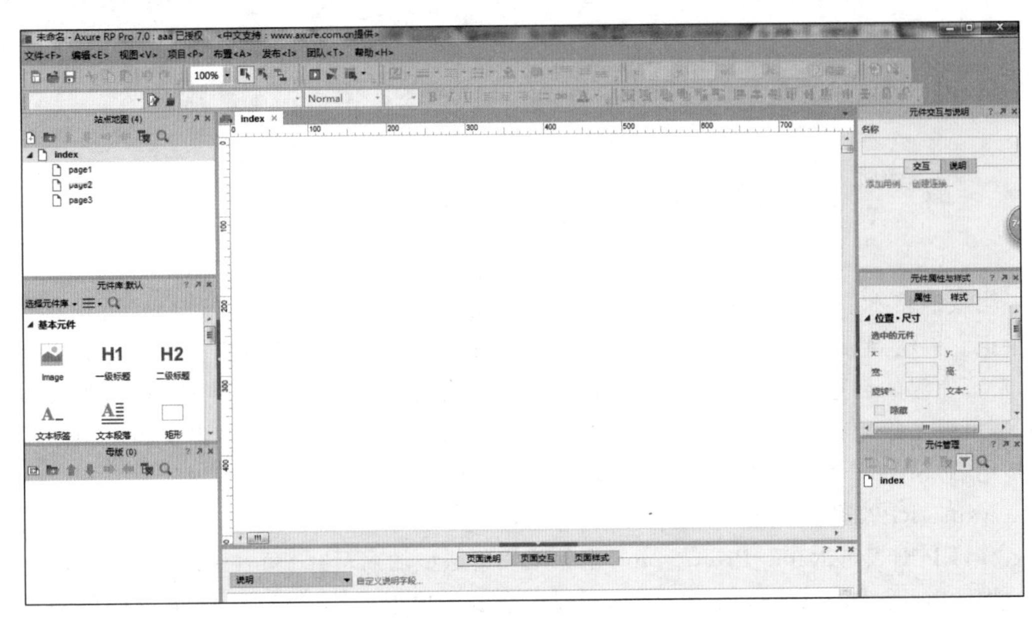

图 4.1　Axure RP 运行界面

为了获得软件全部功能的支持，免受 Axure RP 软件试用期限制，需要获得软件授权。目前软件授权主要有两种方式：终身授权(传统的 license+key 授权)、按时长订购授权(用邮箱和密码授权)。用户获得软件授权后，可以单击软件“帮助”菜单中的“管理授权”，在如图 4.2 所示对话框中，分别输入“被授权人”和“授权密码”。至此，软件已经可以正常操作。

图 4.2　“管理授权”对话框

4.3　安装浏览器插件

Axure RP 是展示灵感、设计的原型绘制软件，能够绘制出详细的设计构思，同时当用户完成 Axure 设计，单击“发布”菜单下的“预览”，即可在浏览器中查看到具体设计效果，也就是说它可以生成浏览器格式的设计原型。为了支持软件生成浏览器格式的文件进行展示，还需要安装 Axure RP 扩展程序——Chrome 浏览器插件。

首先获取 Chrome 浏览器插件。Chrome 指的是 Google Chrome 浏览器。网络上下载获取浏览器插件文件并不复杂，用户可以自行完成。然后打开 Google Chrome 浏览器，单击右上角的设置按钮，接着单击“更多工具”，再单击“扩展程序”。将 Chrome 浏览器插件文件拖入浏览器，在弹出的对话框中单击“添加”按钮(如图 4.3 所示)，确认安装 Chrome 浏览器插件。如果出现成功添加的信息，则表明插件已经安装成功，同时在浏览器扩展程序中可以看到已添加的插件(如图 4.4 所示)。

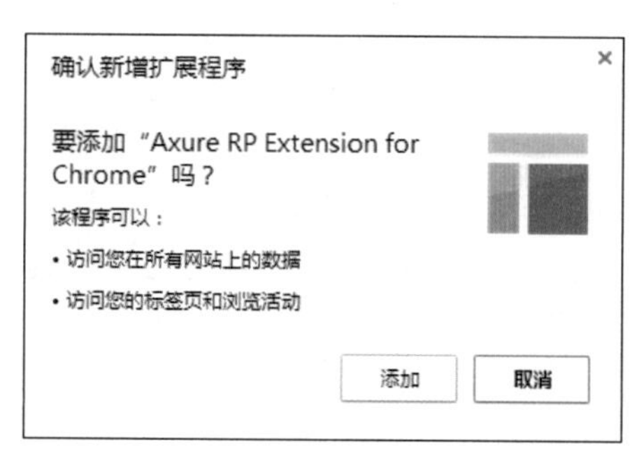

图 4.3　添加 Chrome 浏览器插件

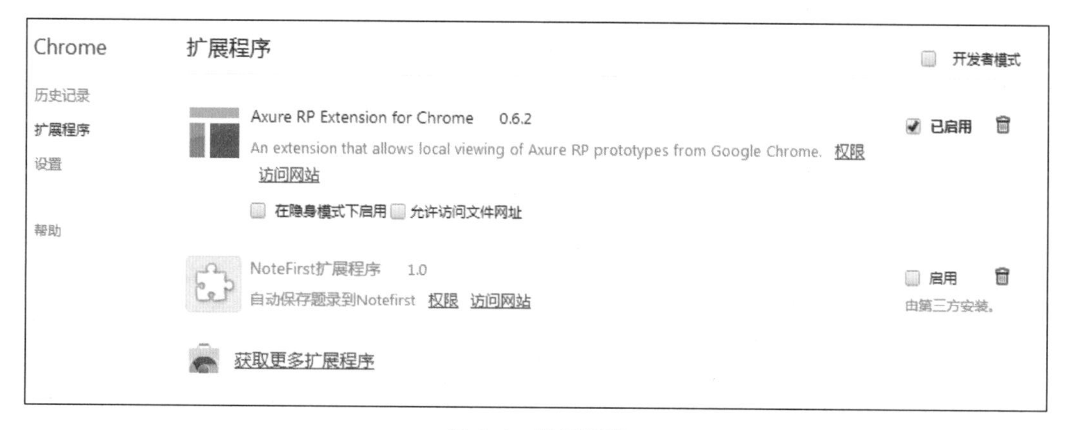

图 4.4　扩展程序

4.4　其他常见原型设计软件

下面介绍 Mockplus、Flinto、Principle 等其他常见的原型设计软件，读者对原型设计可以有更多的认知了解与更多的设计选择。图 4.5 所示为上述三款软件的图标。

图 4.5　Mockplus、Flinto、Principle 软件图标

1. Mockplus

Mockplus 是一款简洁高效的原型设计软件，有别于 Axure RP 的繁复，Mockplus 致力于快速创建原型。Mockplus 的设计理念就是关注设计，而非工具，用户几乎不需要学习就

能很快上手使用该软件。Mockplus 提供了丰富的组件库和图标库，创建原型，只需要拖一拖。同时 Mockplus 的交互设计可视化，拖放鼠标即可完成交互的设计，所见即所得，没有复杂的参数，无须编码。

2. Flinto

Flinto 可以让用户快速为 Web、移动 App 设计交互。通过鼠标拖动，可以快速地为设计图设置跳转和动画。Flinto 提供了常用的转场效果，可以实现不错的交互演示效果。

3. Principle

Principle 作为一款交互设计软件，界面类似 Sketch 等软件，思路接近 Keynote 的动画制作，而在可视化方面更进一步，它可以在五分钟内实现一个具有完整互动动画的原型，并且可以将交互动画生成视频或者 GIF 图片后分享社交平台。

4.5 设计作业

在掌握本章相关知识、经验和操作方法的基础上，要求以小组为单位完成 iPhone 状态栏的造型的设计与制作，壮态栏的尺寸与大小自定。

第5章　Axure RP 软件主要功能

5.1　快捷功能区

打开 Axure RP 软件看到整个软件布局与 Office 软件比较相似，软件的顶部是快捷功能区，它把一些常用功能的快捷按钮全部集成在这里（如图 5.1 所示）。其中包括常规功能、编辑功能、发布功能、团队项目功能等快捷按钮。如常规功能快捷按钮（如图 5.2 所示）是比较常用的按钮，从左到右分别是：新建、打开、保存、剪切、复制、粘贴、撤销等快捷按钮。发布功能快捷按钮（如图 5.3 所示）是比较特殊的按钮，在完成原型设计，展示其跳转逻辑和架构时需要用到，从左到右分别是：预览、发布到 AxShare、发布等快捷按钮。单击“预览”按钮，可以在浏览器中对当前的设计页面进行预览，默认情况下会在系统默认的浏览器中打开。单击“发布到 AxShare”按钮，可以将原型作品发布到 Axure 网站提供的服务器上面，并且 Axure 会自动生成一个项目的 URL，将这个地址发送给其他人，收到地址的人就可以访问到所设计的原型作品。

图 5.1　快捷功能区

图 5.2　常规功能快捷按钮

图 5.3　发布功能快捷按钮

5.2　站点地图

站点地图位于软件的左上位置（如图 5.4 所示），其作用为增加、删除和组织管理整个原型中的页面。站点地图是树状的，以首页（index）为根节点。如果需要对某个页面进行编辑，则需要在站点地图上找到这个页面，然后双击，这个页面就会在页面区域中打开。如图 5.5 所示即为打开对应页面显示的状态。新建页面里面是空白的，其中的内容需要用户来编辑处理。站点地图表示整个原型中页面的逻辑层级结构，显然一个优秀原型产品设计，其站点地图应该是逻辑清晰、内容充实的。因而，尽管可在站点地图中添加页面的数量是没有上限的，但是出于整体规划与高效管理的考虑，建议在原型设计开始前就做好整体结构规划，再分别对页面进行编辑处理。

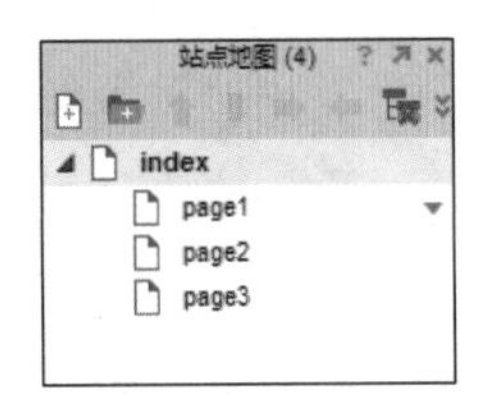

图 5.4　站点地图

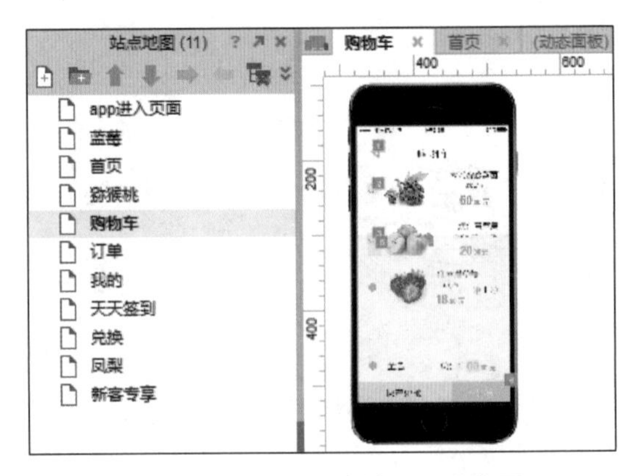

图 5.5　站点地图上的页面预览图

5.3　元　件　区

原型设计中涉及的文本、图形、图像等，在 Axure RP 中被称为元件。在软件左侧(如图 5.6 所示)为元件区。单击“选择元件库”，可以看到有默认元件库和流程图元件库，两个元件库可供选择使用。使用默认元件库就可以实现线框图原型设计。同时，该软件也可以通过载入和卸载元件库等方式，实现创建、编辑自定义元件库等功能。

如图 5.7 所示，页面内容由多个元件组建而成，而元件主要有 3 组，它们分别是：基本元件、表单元件、菜单和表格元件。基本元件(如图 5.8 所示)是组成各类原型的基本元素，其涵盖图片、文本标签、形状、线段、占位符、按钮等。其中热区就是图片热区，在某处实现超链接功能；动态面板相当于一个容器元件，里面能够包含其他元件，它具备一些其他元件没有的特性，在制作动态效果时，动态面板具有重要功效；内联框架能够用来在页面中嵌入声音、视频、动画等媒体文件以及网页。中继器通常用来实现重复的列表模块。

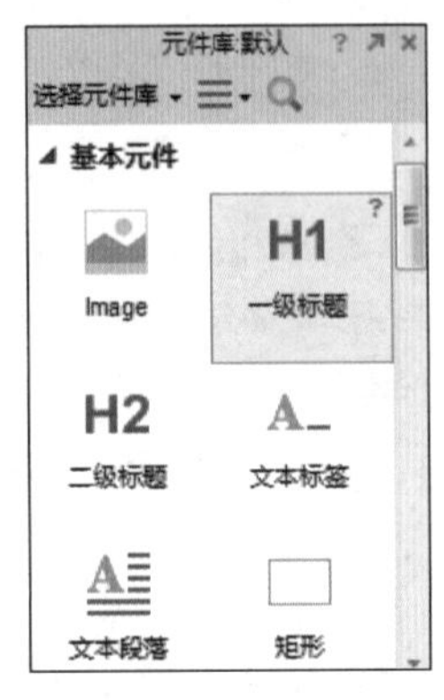

图 5.6　元件区

图 5.7　元件构成页面

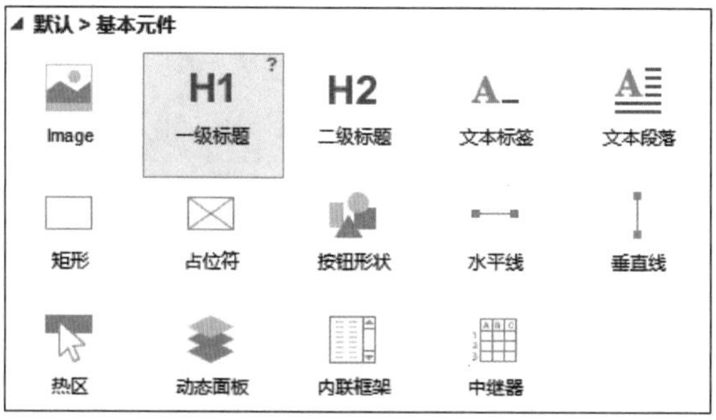

图 5.8 基本元件

表单元件(如图 5.9 所示)在编程开发中用于向页面中输入数据形成表单并提交到服务器,其主要包含文本框、多行文本框、下拉列表框、列表框、复选框、单选按钮、提交按钮等。

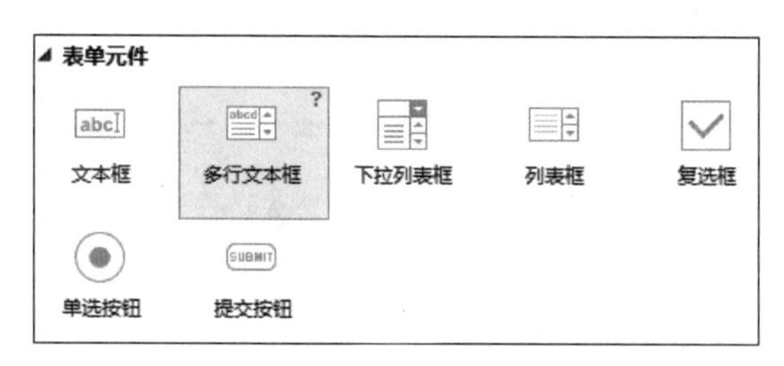

图 5.9 表单元件

菜单和表单元件(如图 5.10 所示)不是很常用。其中包括树状菜单、表格、水平菜单、垂直菜单等。树状菜单常用于一些网站后台的功能列表。水平菜单、垂直菜单则主要用于网站导航栏或者分类标签等。表格是在页面呈现数据表时用到的元件,同时由于 Axure RP 软件的表格功能并不强大,有些功能还要模拟实现。

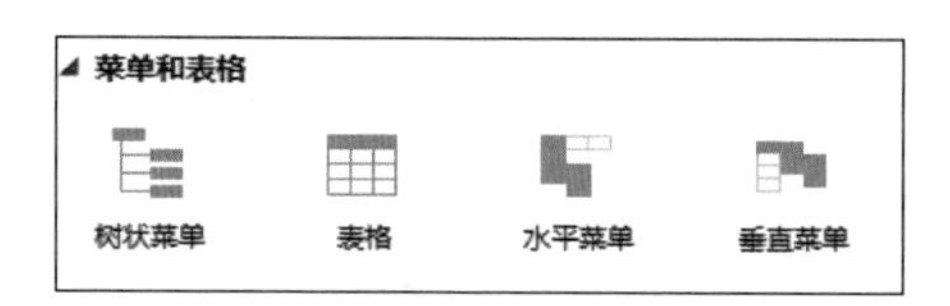

图 5.10 菜单和表单元件

5.4 元件属性与样式

元件在原型设计时的操作比较方便,只要把元件库中的元件用鼠标左键选中,然后拖放到编辑区的指定位置就可以。如图 5.11 所示为添加图片元件后对应显示的元件属性与样式,可以看到有“属性”和“样式”两个标签,单击这两个标签会出现不同的设置界面。添加不同的元件,其显示的元件属性与样式显然是不同的。在此可以将图 5.11 图片的元件属性与样式与图 5.12 一级标题的元件属性与样式进行对比。在属性方面,两者共有的是针对元件进行的鼠标悬停、鼠标按下、选中等交互样式设置。在样式方面,两者都可以对所选择的元件进行位置、尺寸、基本样式、边框、线型、对齐等设置,其中如有显示灰色的状态,则表示不可设置。

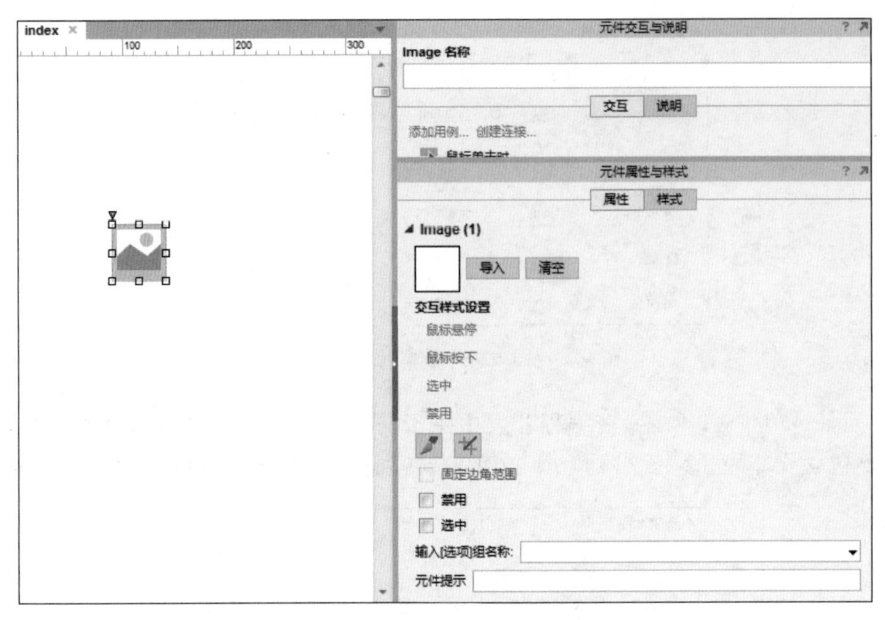

图 5.11　图片的元件属性与样式

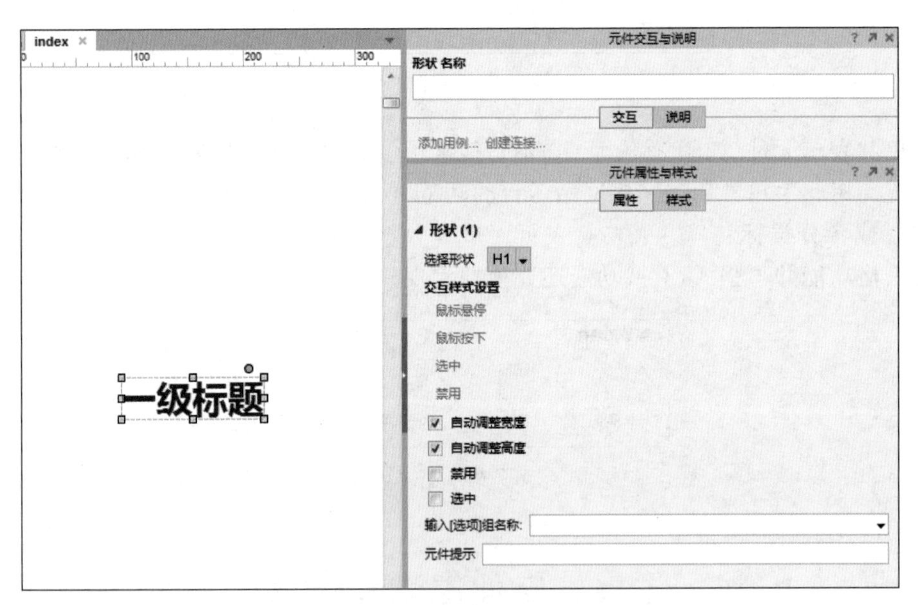

图 5.12　一级标题的元件属性与样式

动态面板作为元件其应用是广泛的，比较复杂的动态效果、交互设计基本都可以用动态面板来实现。动态面板是一个装载多个层(或状态)的容器。这个容器里可以放入其他元件，同时赋予元件的动作、状态，使得这个容器可以实现灯箱等多种动态效果。如图 5.13 所示为动态面板的元件属性与样式。当创建第一个动态面板时，会在元件管理中看到新生成的动态面板以及它的第一个状态。可以看到动态面板上有一个虚线轮廓，这个轮廓决定了真实显示的状态区域，也就是说超出这个动态面板状态轮廓部分是不会被显示的。为了使得动态面板尺寸与其中元件尺寸相适应，可以单击元件属性“自动调整为内容尺寸”。如

图 5.14 所示为动态面板的一个状态的属性。因而,动态面板要从三个层面来考虑设计,分别是动态面板有几层,动态面板中层与层之间的顺序以及各个层中所放置的元件及其属性。另外,双击编辑区中的动态面板时,会出现动态面板状态管理界面。其中可以进行添加、删除、重命名、复制等编辑操作。

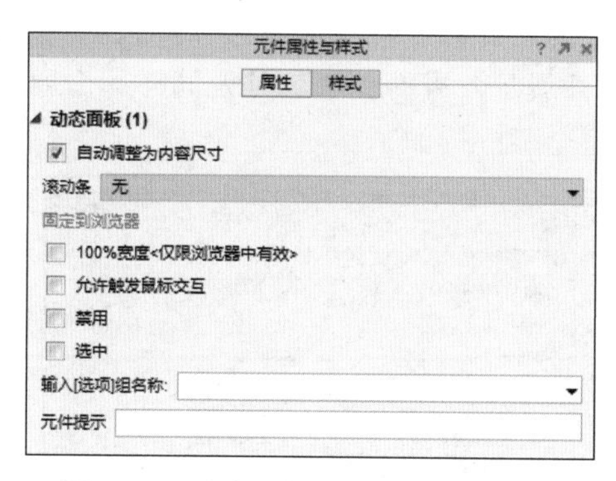

图 5.13　动态面板的元件属性与样式

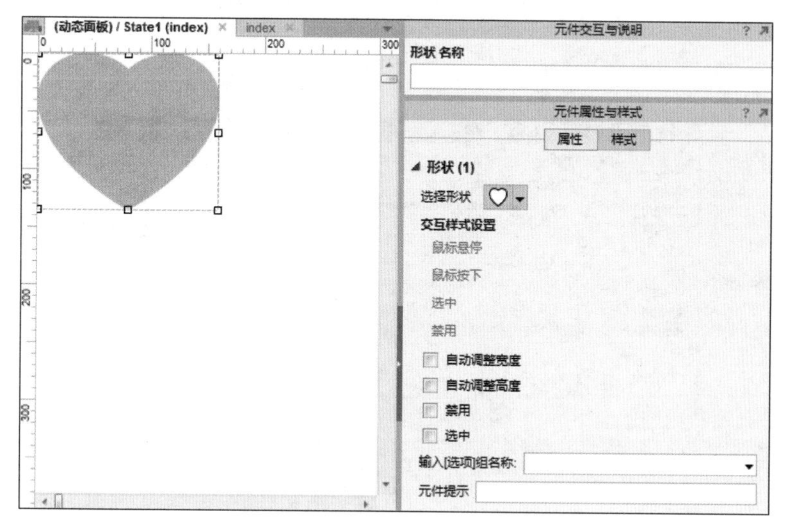

图 5.14　动态面板状态的属性

5.5　生成与预览

原型设计的效果展示用生成与预览来实现。单击软件菜单中的“发布”,再单击其中的“预览选项”,出现如图 5.15 所示的预览设置,单击其中的“配置”按钮,进入如图 5.16 所示的生成设置界面。在图 5.15 和图 5.16 中都可以设置查看效果所使用的浏览器,可以设置是否在生成后显示站点地图。在选择查看效果所使用的浏览器方面,可以看到大多数主流浏览器都可以显示并被选择,例如在计算机上安装了谷歌、IE、360 三个浏览器,可以看到谷歌浏览器(之前的浏览器插件就是针对谷歌浏览器的)、IE 浏览器都显示可以被选择,只有 360 浏览器没有显示。一般地,只要设置默认浏览器打开即可。在设置是否在生成后显示站点地图方面，有“生成并显示”“生成并隐藏”“无站点地图”三种选择，通常选择“生成并显示”。

软件中的生成功能是指将原型设计实现、保存在硬盘上并予以展示的完整过程，其中三个环节——设计实现、硬盘保存、效果展示缺一不可。从效果展示的情况看，预览和生成似乎作用差不多，但从如图 5.16 中可以看到生成 HTML 是保存到指定的文件夹地址的，而预览并不将文件保存到指定的文件夹中，在浏览器上的地址显示为 127.0.0.1，也就是把文件上传到网站服务器，再打开展示效果的。也就是说同样一个原型在预览和生成时，表现在浏览器地址栏中的地址是完全不一样的。

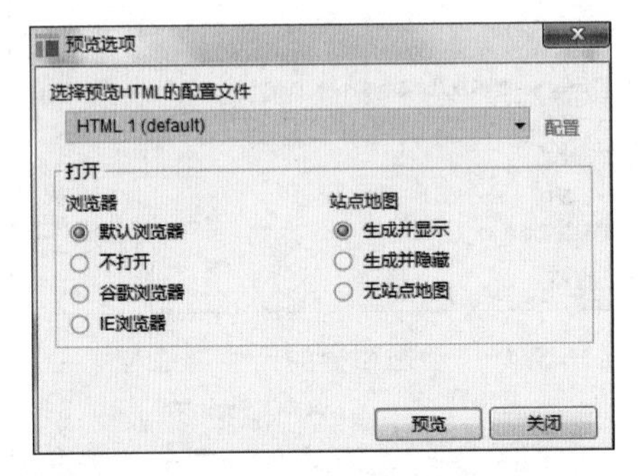

图 5.15　预览设置

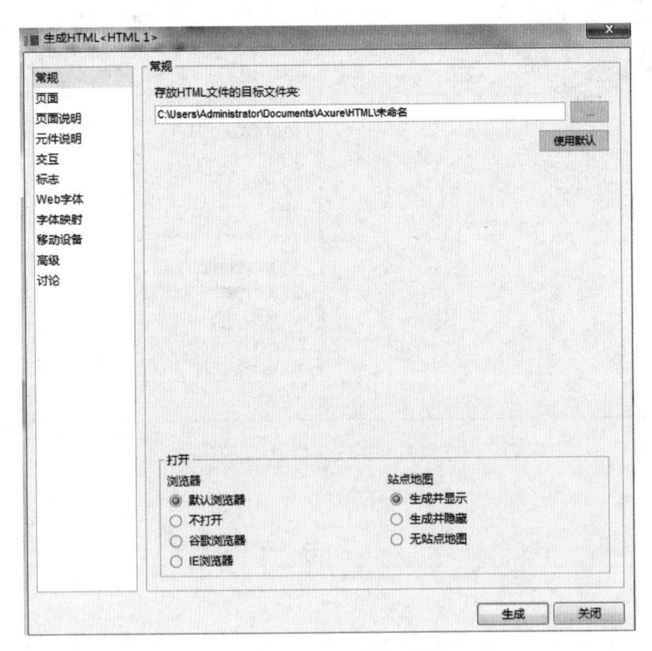

图 5.16　生成设置

5.6　元件交互与说明

软件界面的右上角，是元件交互与说明功能面板。这是一个非常重要的区域，原型里面的动态效果绝大多数是在这里实现的。而且当一些效果不能实现或者实现起来浪费精力与时间、没有价值的时候，也可以通过元件说明进行文字备注。另外，元件说明也能体现在软件生成的文档中，规范全面的元件说明能够让生成的文档更容易修改成可用的产品需求文档。

元件交互与说明模块中的第一项是元件名称的编辑框，为元件添加名称主要是为了让我们能够准确方便地选取元件，特别是一些需要添加交互或者在编辑中经常要用到的元件，所以，给元件命名是进行原型设计要养成的一个好习惯。

在交互面板中首先是“添加用例”和“创建链接”两项。“创建链接”能方便地设置元件被鼠标单击时跳转到当前项目的其他页面。“添加用例”则可以在单击下方的任意一个触发事件后添加打开用例编辑界面。在 Axure RP 软件的交互中，触发事件就是面板中的“鼠标单击时”“鼠标移入时”等事件。情形就是在触发事件中添加的用例。情形的判断和执行的动作，则需要在用例编辑界面中进行编辑。通过这些步骤可以完成一次对交互行为的编辑。

用例编辑界面包含的术语如表 5.1 所示。

表 5.1　用例编辑界面术语

名　称	作　　用
用例名称	修改用例名称，便于识别或者组织文档
添加条件	为之后的动作添加限制条件，仅在满足条件时执行
添加动作	选择在符合条件时执行的动作
配置动作	选择动作的目标对象，并进行相应的设置
组织动作	为添加的动作调整先后顺序

在具体操作过程中，Axure RP 用例中的动作是由上到下执行的，顺序很重要。其中有一个元件是比较特殊并且重要的，它就是动态面板。在后面的内容里会专门针对动态面板做讲解。在此以一个例子讲述动态面板在制作动态效果时的用法，请注意比较图片与动态面板两种元件在元件属性与样式上的异同。在此制作一个单击可以弹跳的爱心。

应用场景：弹跳的爱心。

制作过程：

步骤 1：首先我们添加图片元件到编辑区，双击该元件并选择要添加的图片，根据提示选择是否优化图像，是否调整图像尺寸，完成图片加载。然后选中该元件并右击，会弹出如图 5.17 所示的快捷菜单。可见对图片元件可以进行分割图片、裁剪图片等编辑处理。由于要制作动态效果，因而单击“转换为动态面板”选项，将图片元件转换为动态面板。此时元件属性与样式变为如图 5.13 所示。

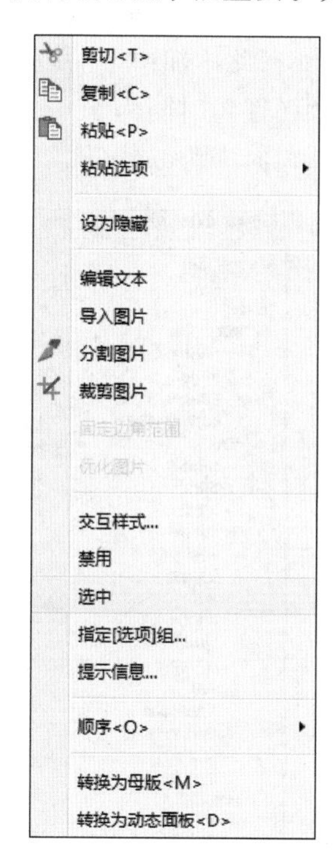

图 5.17　右击弹出的快捷菜单

步骤 2：在元件交互与说明区，双击“鼠标单击时”，打开用例编辑界面，为其添加用例。首先在“添加动作”中单击“元件”下的“移动”，为其添加动作。然后在“配置动作”中单击“动态面板”，并设置移动“相对位置”到 x:190 y:90，动画效果为“弹性”，时间为 500ms。如图 5.18 为用例编辑对话框。这样就可以在预览中看到单击爱心图，出现有弹性的跳动，其方向是指向右下方的。

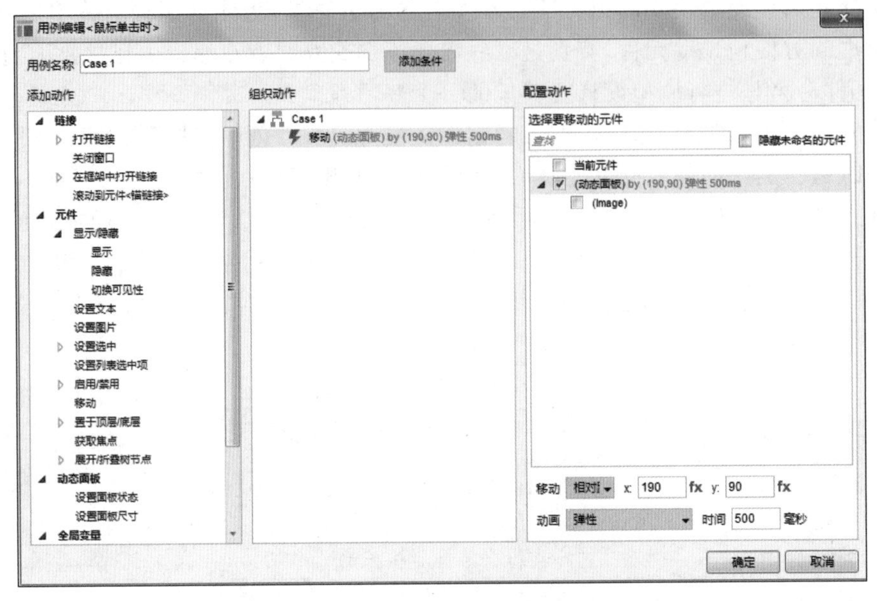

图 5.18　用例编辑对话框

可以思考一下，如何使得这个爱心像弹球一样向上弹跳后又落回到原处呢？可以调整一下用例中的参数（如图 5.19 所示），使得爱心先往上弹，再落下来，在 x 和 y 坐标上做一个调整。如在此添加两个“移动”，第一个将其动态面板的移动参数设置为 x:0 y:－80，动画效果为“弹性”，时间为 100ms，第二个将该动态面板的移动参数设置为 x:0 y:80，动画效果为“弹性”，时间为 500ms。

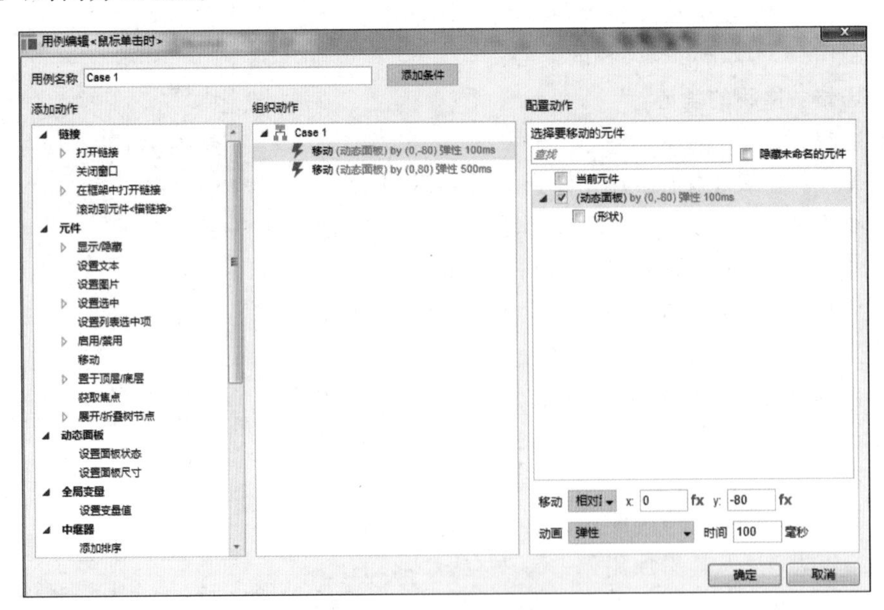

图 5.19　调整用例参数

5.7 页面设置

通过页面样式可以对页面进行页面设置与编辑处理。如图5.20所示为页面样式。单击默认样式右侧的图标进入页面样式编辑区域,对“页面排列”“背景颜色”“背景图片”“水平对齐”“垂直对齐”“草图/页面效果”等进行设置,可以创建新的自定义样式或对原有样式做进一步编辑调整。“页面排列”可以设置原型在页面居中或居左。“背景颜色”是为页面添加背景颜色。“背景图片”则可以导入图片当作背景图。“水平对齐”和“垂直对齐”每种选择中又有三种对齐方式。“草图/页面效果”可以将原型设置转换为手绘线框图效果,其中有颜色、字体、线宽等设置。注意,草图滑杆中数值越大,元件线条越弯曲,一般建议设置数值为50。

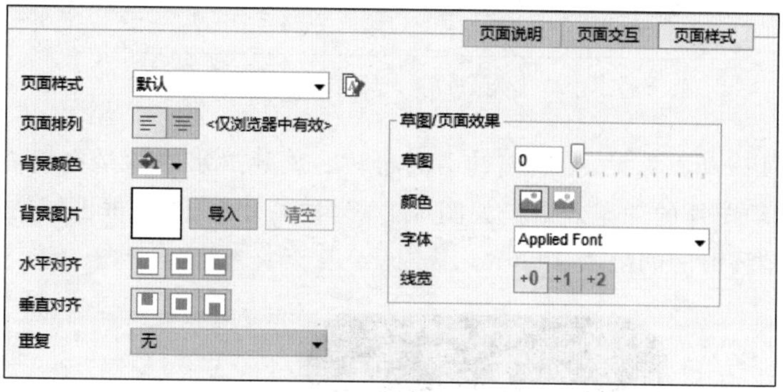

图5.20 页面样式

页面设置面板中最左侧一项是“页面说明”(如图5.21所示)。页面说明功能如同元件说明,可以为当前页面添加说明,为他人了解页面内容提供方便。页面说明可以直接在页面说明的文本框中输入内容。如有不同需求的,需要添加多个说明的,则单击“自定义说明字段”,完成添加后在文本框中选择不同的字段名称,即可添加不同的说明内容。页面说明并不是最重要的部分,但在设计较为复杂的原型时会体现出功能。

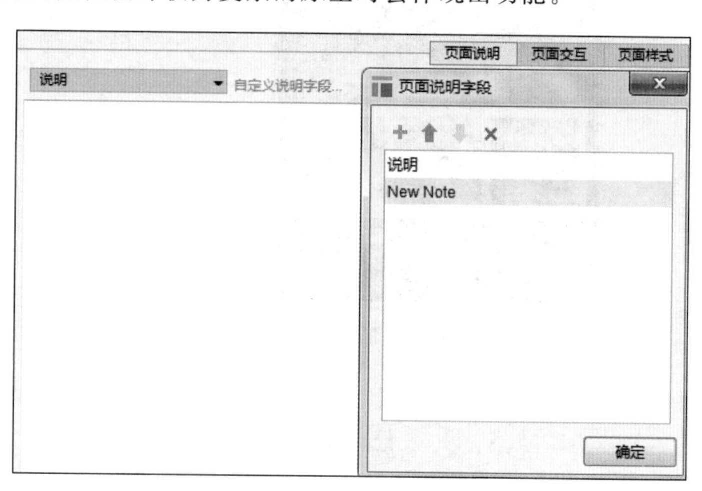

图5.21 页面说明

页面设置面板的中间一项是“页面交互”。页面交互中包含页面的各种触发事件，可以为页面的触发事件添加用例，来执行指定的动作。

应用场景：向左滑动的动态效果。

制作过程：

步骤 1：在 Axure RP 软件下方的页面交互中添加“页面载入时”用例，添加页面交互设置如图 5.22。

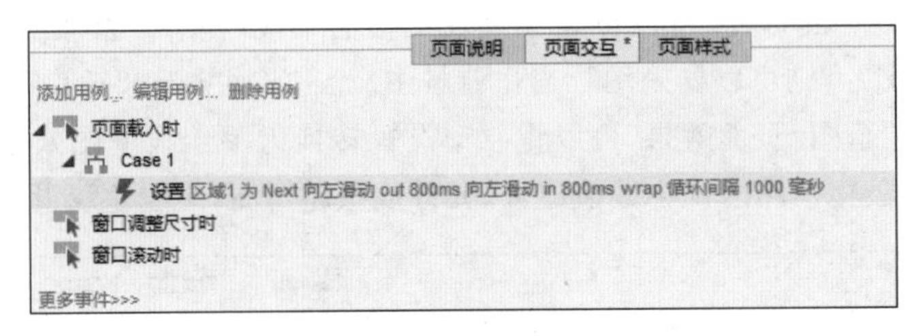

图 5.22　页面交互

步骤 2：测试该动态效果，并微调其中的参数。该效果实现的是在页面一打开时，动态面板实现向左滑动图片的动态效果。如图 5.23 为预览效果，矩形框区域的广告图片呈现向左滑动的效果，循环时间间隔为 1000ms。

图 5.23　预览效果

5.8　母版管理

母版的创建、修改等编辑操作与其他页面的相关操作基本类似，主要涉及新建、编辑、删除等三大块的工作。如表 5.2 为母版管理操作步骤的说明。

表 5.2 母版管理操作步骤的说明

操作名称	具 体 步 骤
新建	单击面板中的"新建"按钮或者单击面板空白处快捷键 Ctrl＋Enter 完成母版的创建，创建后可以对母版名称进行编辑，双击母版名称则进入母版的编辑界面
编辑	编辑区中可以像组织页面内容一样，拖入元件、添加交互等组成模板的内容
删除	如果需要删除一个母版，需要先将母版从所有关联的页面中移除，才可以删除；如果被删除的母版有下级母版，则该母版被删除时，下级母版也被同时删除

母版用来实现内容的重用、同步管理，来提高制作原型的效率。但是有时母版中的有些内容，可能需要在不同的页面中有不同的交互效果。

设置有如下两个步骤。

(1) 创建一个自定义的触发事件。创建一个自定义的触发事件需要在导航菜单"布置"列表最后一项"管理母版触发事件"中进行设置，单击"＋"添加一个事件名称，并命名。

(2) 将母版中的某个事件与自定义触发事件绑定。

完成以上两步，在添加了母版的页面中点击母版，则会在交互的功能界面中出现这个母版中所有自定义触发事件。

5.9 设计作业

在第 4 章设计作业的基础上，要求学生自行选择素材，实现部件创建、属性调整、部件库的创建等操作。

第6章 变量与表达式

6.1 变　　量

Axure RP 中的变量是一个变化的值。变量除了用于尺寸数据之外，通过交互动作被赋予一定的值或者直接获取其他的输入值，再根据获取的值进行相关的条件判断。也即当使用条件逻辑时，变量就显得十分必要了。因为它可以检查变量的值，以确定该执行哪条路径中的动作。

Axure RP 软件中主要有两类变量，分别是局部变量和全局变量。类型不同决定了变量作用范围不同。局部变量只在使用该局部变量的动作中有效，在其他区域即使是同名的变量也是无效的，因此局部变量不能与原型中其他动作里的函数一起使用。不同的动作可以使用相同的局部变量名称，因为它们的作用范围不同，并且都是只在其当前动作中有效，所以不会相互干扰。全局变量在整个原型中都是有效的，它只需要设置一次就可以在整个原型中使用，无论是当前页面还是跨页使用。因此全局变量的命名不能重复。当你想要把数据从一个页面传递到另一个页面时，就要使用全局变量了。Axure RP 内置了一个全局变量 OnLoadVariable。同样读者也可以根据自己的需要添加相应的全局变量。

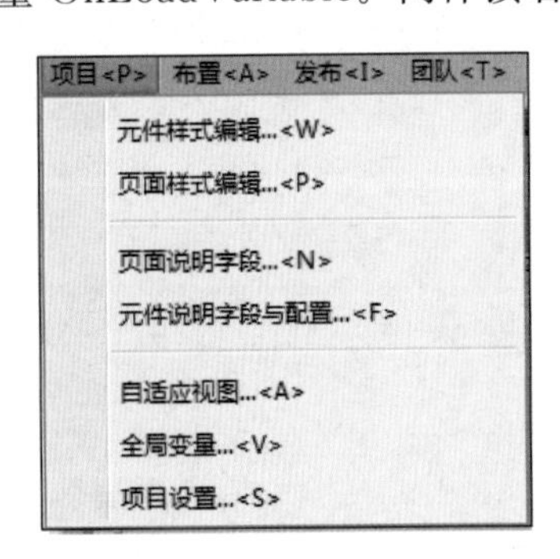

图 6.1　管理项目中的变量

要管理项目中的变量，单击菜单栏汇总“项目”的“全局变量”(如图 6.1 所示)。在“全局变量”对话框中(如图 6.2 所示)，可以对全局变量进行添加、删除、重命名和排序操作。默认情况下有一个名为 OnLoadVariable 的变量。在创建变量名时，请使用字母或数字，并少于 25 个字符，不能包含空格，同时无论是给元件命名还是给变量命名，都提倡根据其实际代表的含义进行命名，以便于识别应用。如图 6.3 所示为“局部变量”管理界面。

可以看到在变量的名称不改变的情况下，变量的值是可以改变的。我们需要在原型设计过程中给变量赋值。在用例编辑器左侧，新增“设置变量值”动作，在右侧配置动作中选择想设置的变量值，然后在底部的下拉列表中选择要怎样设置变量值。如果没有提前新增全局变量，那么在用例编辑器中选择“设置变量值”动作之后，在右侧的配置动作中可以单击“新增变量”。使用“值选项”，可以把变量设置为指定值的表达式。例如设置变量值 Name_Var=用户名文本输入框部件(UserName)中的文字，意思是当用户单击提交按钮时，就将用户名这个文本输入框中的值存储到全局变量 Name_Var

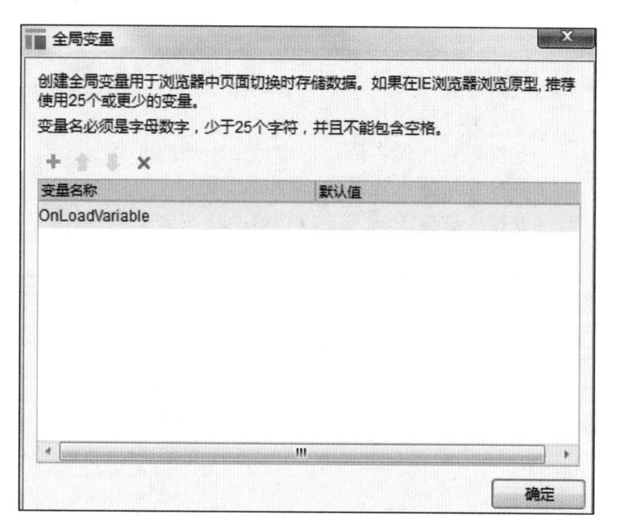

图 6.2 “全局变量”对话框

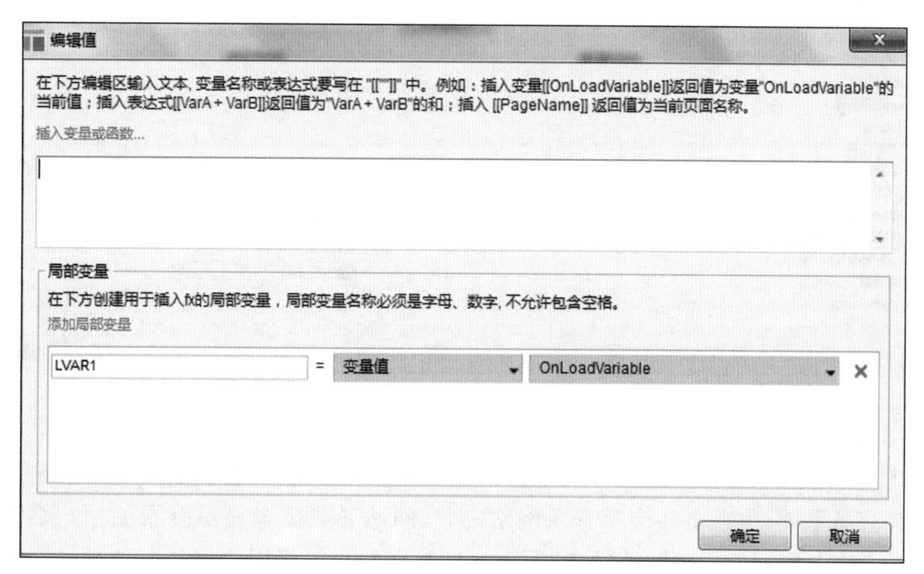

图 6.3 “局部变量”管理界面

中。一旦全局变量值被设置，这个变量值就可以在整个原型中传递使用了。如图 6.4 所示为在用例编辑器中设置变量值的界面。在 Axure RP 中可以将不同类型的值赋给变量，可以赋值的类型如表 6.1 所示。

表 6.1 变量赋值类型

类型	描　述
值	一个手动输入的值
变量值	装载在其他变量中的值，可以从变量列表中选择，也可以新增
变量值长度	另外一个变量值的长度(数字)，可以从变量列表中选择，也可以新增
元件文字	文本元件中的文字，在当前页面的文本元件列表中选择
焦点元件上的文字	当前获取焦点元件中的文字

续表

类型	描　述
元件值长度	元件中字符的长度(数字)
选中项文字	下拉列表或列表选择框中被选中项的文字
选中状态值	设置变量值为元件的选中状态值
动态面板状态	设置变量值为动态面板当前的状态名称

图 6.4　设置变量值

在此用一个变量跨页传递元件文字的案例说明全局变量的应用范围与传递路径。很多网站具有会员系统，也就是在会员登录网站之后，网站导航位置显示登录的用户名等信息。在 Axure RP 中要实现这样的效果，其原理也即是在登录时将用户信息赋值到一个变量，然后在打开登录后页面时，再让文本元件获取变量值并显示出来。

应用场景：变量跨页传递元件文字。

制作过程：

步骤 1：首先完成网站首页和登录页面的线框图绘制，拖动一个文本面板到网站首页的头部，元件文字修改为"请登录"，并命名为"请登录"。接着，创建一个全局变量 denglu(如图 6.5 所示)。

步骤 2：在登录界面的"登录"按钮上添加"鼠标单击时"事件，如图 6.6 所示为用例编辑器的编辑界面。在用例编辑器中设置变量的值等于登录用户输入框中的元件文字，将用户名中元件文字传递给全局变量 denglu。

步骤 3：同步设置当单击"登录"按钮时打开网站首页。也即在刚才的用例编辑器中添加动作"打开链接"，在"配置动作"中选择"打开在当前窗口"，并单击网站首页。

步骤 4：在网站首页中，双击“页面载入时”事件，在用例编辑器中新增“设置文本”动作，并设置文本“请登录”的值等于变量值 denglu。

步骤 5：至此，生成原型，可以在浏览器中查看效果并做微调。

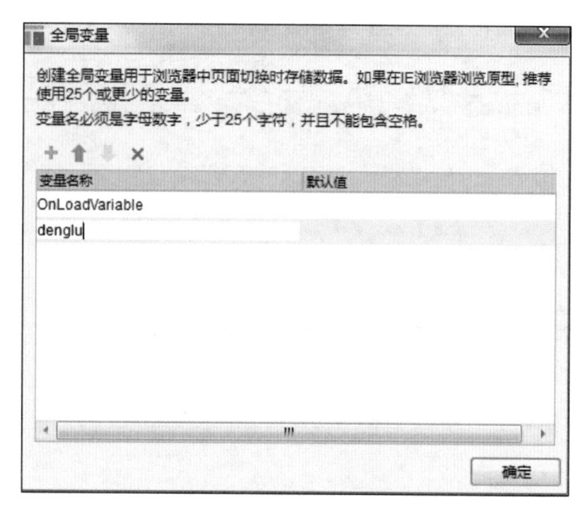

图 6.5　创建“全局变量”

图 6.6　用例编辑

6.2　表　达　式

变量来源于数学，在计算机语言中能存储计算结果或表示值。变量可以保存程序运行时用户输入的数据以及显示特定计算结果或者将其传递出去。表达式是由数字、运算符、数字分组符号(括号)、变量等组合而成的公式。在制作原型的过程中,用表达式可以实现进一步运算,使得与之对应的原型设计的保真程度进一步提高。如图 6.7 所示为赋值运算。

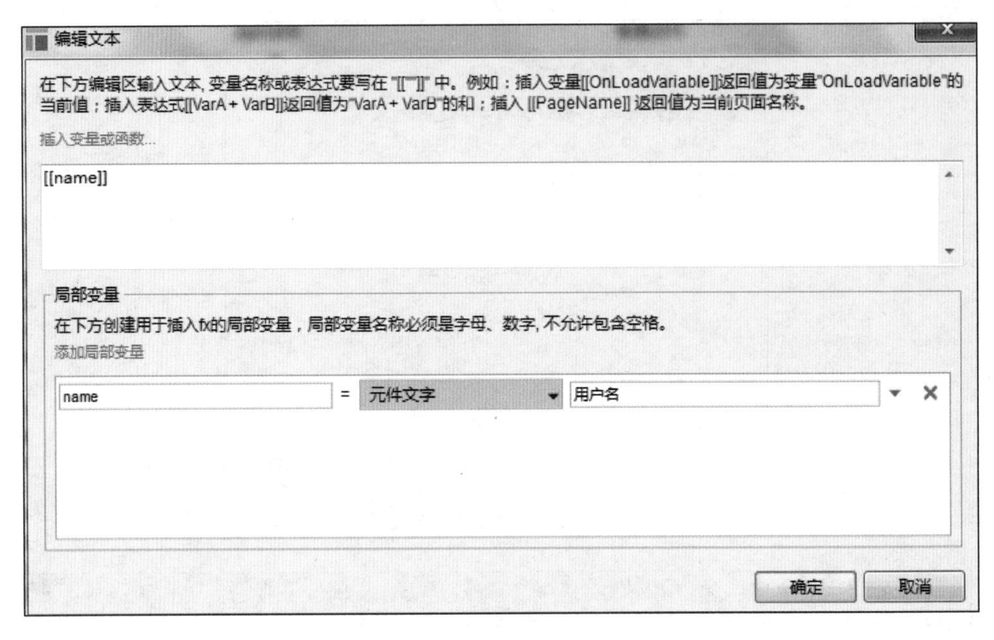

图 6.7　赋值运算

表达式中的运算符用于执行程序代码运算,针对一个以上操作数项目来进行运算。Axure RP 中的运算符大致分为四种,分别是算术运算符、赋值运算符、关系运算符、逻辑运算符。如表 6.2 所示为运算符类型说明。

表 6.2　运算符类型说明

运算符类型	符　号	说　明
算数运算符	+ − * / %	常见的加减乘除运算,%为取余数运算符
赋值运算符	=	能将表达式运算结果予以赋值
关系运算符	< <= > >= == !=	比较运算符两侧表达式并返回比较结果(True、False),其中==为等于,!=为不等于
逻辑运算符	&& ||	将多个表达式连接起来,其中 && 表示并且的关系,|| 表示或者的关系

在 Axure RP 中表达式要用[[]]表示,在[[]]中的内容是可以进行运算的,而写在[[]]外面或者多个[[]]的内容写在一起时,则是将返回值与文字或返回值与返回值连接为一个字符串。

[[uname]]:该表达式没有运算符,它的返回值为 uname 的变量值。

[[6×6]]:该表达式的结果为 36。

[[uname=='admin']]：当变量 uname 的值为 admin 时，这个表达式返回值为 True，否则返回值为 False。

[[num1+num2]]：当两个变量值为数字时，该表达式的返回值为两个数字之和。

6.3 设计作业

在第 5 章设计作业的基础上，要求自制 iPhone 控制面板控件，并实现通过单击控制面板中的按钮变量跨页传递元件文字的功能。

第7章　动 态 面 板

7.1　动态面板的组成

第6章讲述了变量，我们可以把变量看作是数据的容器。动态面板也是一个容器，只不过动态面板这个容器里装的是元件。动态面板有很多不同的状态，每一个状态里又可以增加、减少其中不同的内容。动态面板会默认显示排放在第一个状态的内容，同时我们也可以在元件管理及状态管理中改变状态的次序。另外，如果动态面板中状态的内容超过了动态面板设置的显示尺寸，则不能完整显示内容，这同时也启发了我们创建相关动画的思路。如图7.1所示为动态面板区域在预览和编辑状态的显示情况。可以看到编辑状态下动态面板区域多了一个矩形的虚线框，该虚线框与动态面板尺寸一致，则将该虚线框中的内容在动态面板中显示出来，如果有所超出的，则该部分内容不被显示。如图7.2所示为部分超出动态面板的内容不显示。

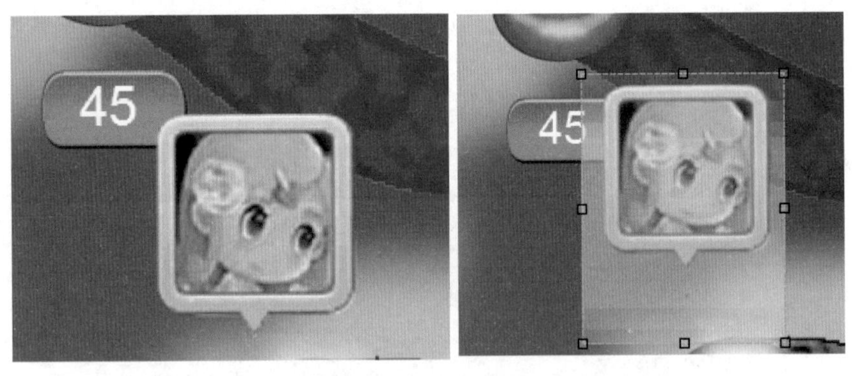

图7.1　动态面板区域在预览和编辑状态的显示情况

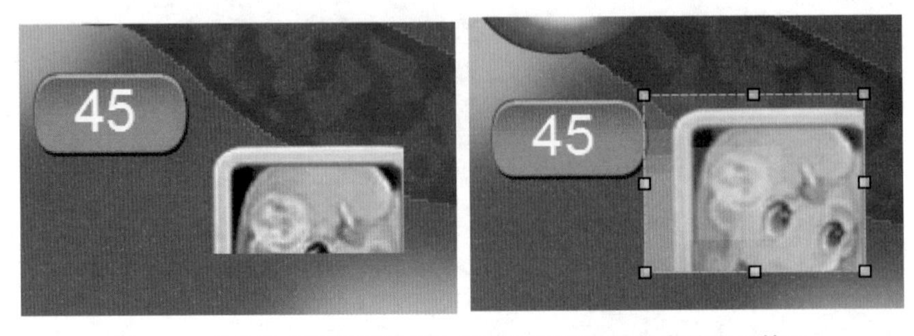

图7.2　超出动态面板区域的内容在预览和编辑状态的显示情况

如图7.3所示为图7.1对应的动态面板状态。该动态面板中一共有四个状态，由这些状态和其中的内容决定了动态面板的最终效果。当双击其中的四个状态（state1～state4）可以在编辑区域看到其中的具体内容。双击其中的“动态面板”，进入如图7.4所示“动态面板状态管理”对话框。在该状态管理区域，可以选中其中的状态对其进行编辑相关操作，其中编辑操作主要包括以下几项。

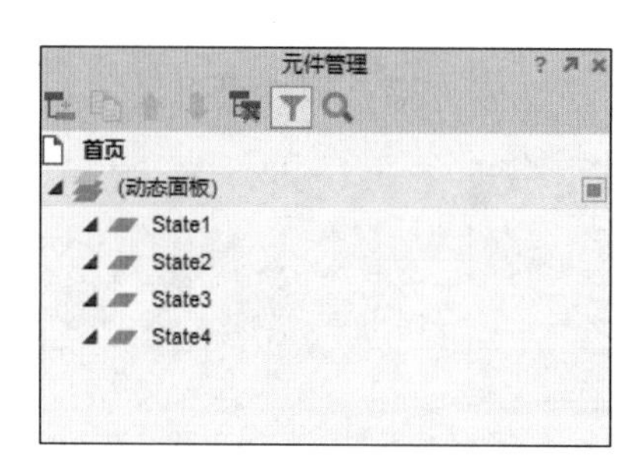

图7.3　动态面板状态

图7.4　“动态面板状态管理”对话框

- 添加：新建状态的操作。单击“+”图标，即可实现，当然该状态当前内容是没有的。
- 重复：顾名思义即为复制同样的状态。选中一个已有的状态，单击“重复”图标，即可实现状态内容的复制操作。
- 上移/下移：也即将状态位置进行调整。选中已有状态，单击“上移”或“下移”调整状态的次序。
- 编辑：要实现状态在编辑界面打开，选中状态的同时单击“编辑状态”图标即可。当然也可以通过双击状态来实现该操作。
- 编辑全部状态：即自动打开所有状态的编辑界面，并自动切换到第一个状态的编辑界面。
- 移除状态：即删除选中的状态，选中状态单击“移除状态”即可。

另外，重命名状态名称的操作办法为双击状态名。

除了上述针对动态面板的状态管理外，还可以对每一个状态分别进行编辑处理，主要是为状态添加样式。双击动态面板中的一个状态，在Axure RP软件下方显示如图7.5所示的状态样式。在该编辑区域，可以实现动态面板当前状态的背景颜色、背景图片等设置。同时需要注意，动态面板中添加的背景图片会随着动态面板尺寸的改变而改变。当图片的长宽比例与动态面板长宽比例不一致时，可以在“重复”中设置“填充”或者“适应”的显示规则，其中“重复”又有“水平重复”和“垂直重复”的区别。

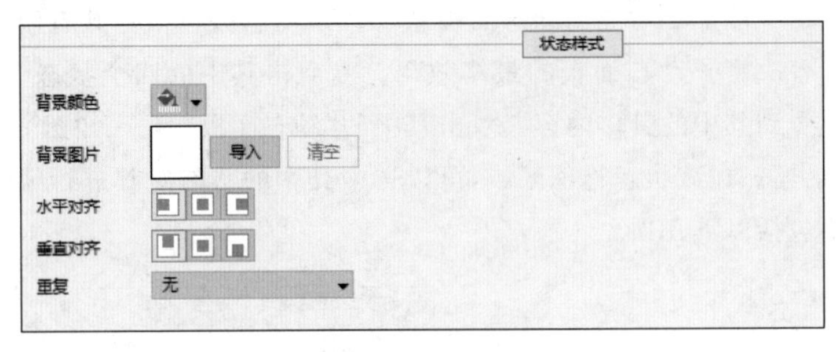

图 7.5　状态样式

7.2　动态面板的属性

动态面板的属性有不少功能，在此简单介绍。图 7.6 为动态面板属性设置区域。

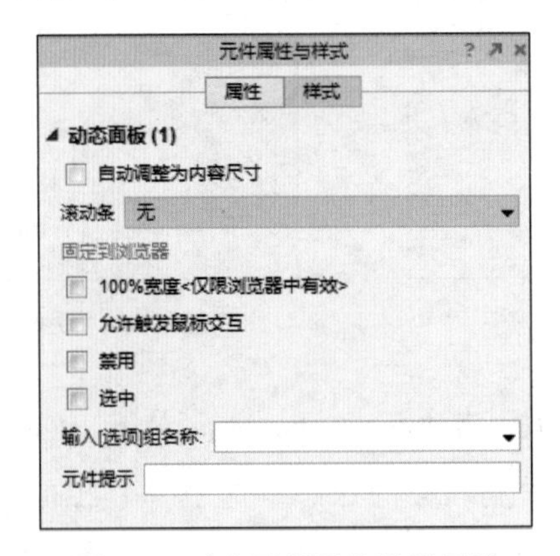

图 7.6　动态面板属性设置区域

(1) 滚动条设置。

动态面板的滚动条默认为“无”，即不显示。它还有其他三个选项，分别是“自动显示滚动条”“自动显示垂直滚动条”和“自动显示水平滚动条”。如果动态面板的属性中不选择“自动调整为内容尺寸”，当面板状态中所包含内容的边界超出动态面板的右边界或者底边界时，就可以出现滚动条。

(2) 100%宽度。

该功能能够实现动态面板自适应浏览器窗口的宽度。页面打开时在水平方向自动铺满窗口。该效果只有当页面在浏览器打开时可见，在编辑区中没有任何效果。需要注意的是该功能只是动态面板的尺寸自适应浏览器窗口，与其状态中的元件无关，元件不会随着面板改变自身尺寸。因而在 100%宽度后面注明仅限浏览器中有效。

(3) 允许触发鼠标交互。

该功能是指若为动态面板中的元件设置了与鼠标相关的交互样式，那么当鼠标与动态面板产生相同的交互时，是否触发状态中所包含元件的交互样式。

(4) 禁用。

一般元件勾选禁用会导致元件自身的交互失效。动态面板的禁用除了会导致自身交互失效，还会导致动态面板中包含的其他元件交互全部失效。

（5）选中。

一般元件勾选选中，元件会在页面加载时自动变为被选中的状态，并能够触发元件选中时的交互样式。动态面板的选中除了自身变为被选中的状态，还会将其包含的其他元件全部变为被选中的状态。

（6）输入[选项]组名称。

与其他元件的选项组功能一样，在事件执行过程中通过选项组名称能指定动态面板，实现指定的动态面板被选中的效果。

（7）元件提示。

该功能使用较少。在使用浏览器浏览原型时，能够让元件在鼠标移入时显示一个文字提示。

7.3 动态面板的事件

在动态面板中进行的操作可以实现交互，具体操作时要结合动态面板状态改变时、开始拖动时、正在拖动时、拖动结束时、向左/右/上/下拖动结束时、载入时和滚动时等几个动态面板事件来进行。下面用一个简单手游的原型设计案例介绍其中动态面板所起的作用及其展现的效果。如图 7.7 所示为手游的首页界面。

应用场景：手游首页界面。

制作过程：

步骤 1：首先设计制作好手游页面所需的素材（如图 7.8 所示）并排版形成首页界面。接下来要实现首页左下角位置的鼠标移出移入及鼠标单击的效果。

步骤 2：将如图 7.9 所示左下角的两个图片元件，分别设置为“设置深”和“设置浅”两个名称，并将两个元件重叠放置，使其大小完全一致。添加热区元件，覆盖在两个重叠的元件纸上，并命名为“设置热区”，其中热区以蓝色透明层覆于其上。

步骤 3：为该热区添加“鼠标移入时”用例，进入如图 7.10 所示界面。在其中将“设置深”元件设置为显示，相对应的将“设置浅”设置为隐藏，因而在鼠标移入该热区时会显示深色的元件而隐藏浅色的元件。

步骤 4：同样方法，在两个元件上设置形成“鼠标移出时”用例，在设置时也可针

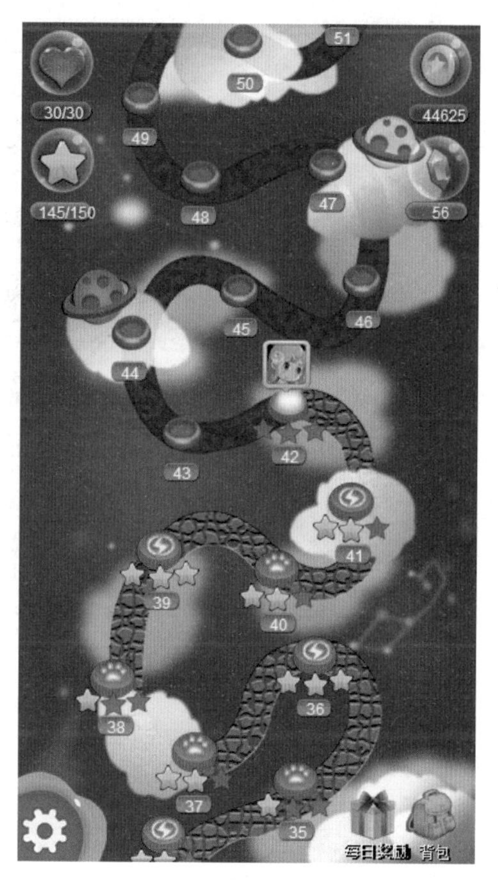

图 7.7　手游首页界面

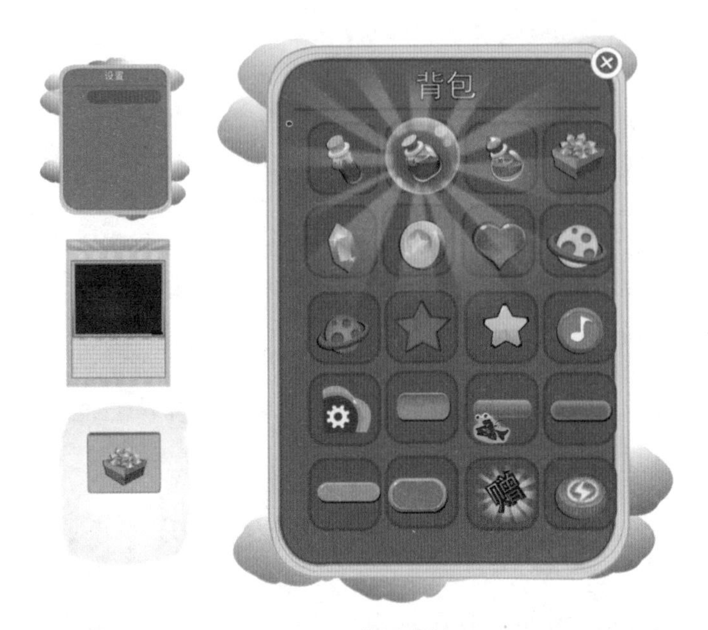

图 7.8　首页素材

图 7.9　设置两个图片元件

对具体情况单击动画效果。

步骤 5：然后为该热区添加“鼠标单击时”效果，如图 7.11 为相应的用例编辑界面。在该用例编辑界面，添加“打开链接”动作，并在配置动作中选择“设置”页面，也即实现了页面单击后跳转到“选择”页面的效果。

步骤 6：选择相应的元件，右击并在弹出的快捷菜单中选择“转换为动态面板”即可转换

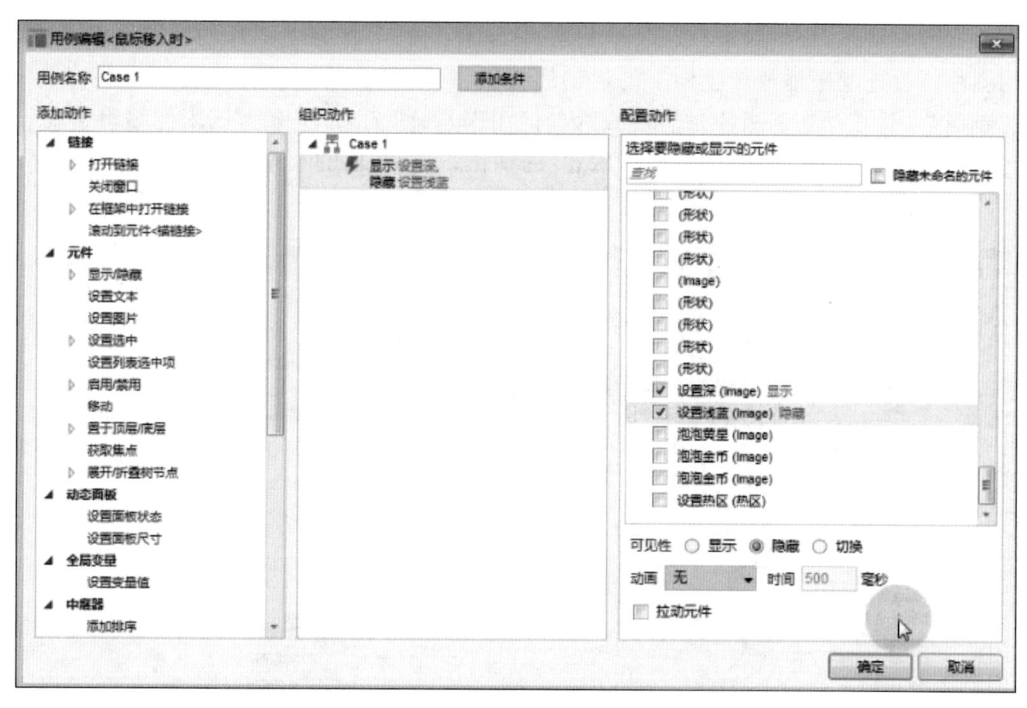

图 7.10 “鼠标移入时”用例编辑

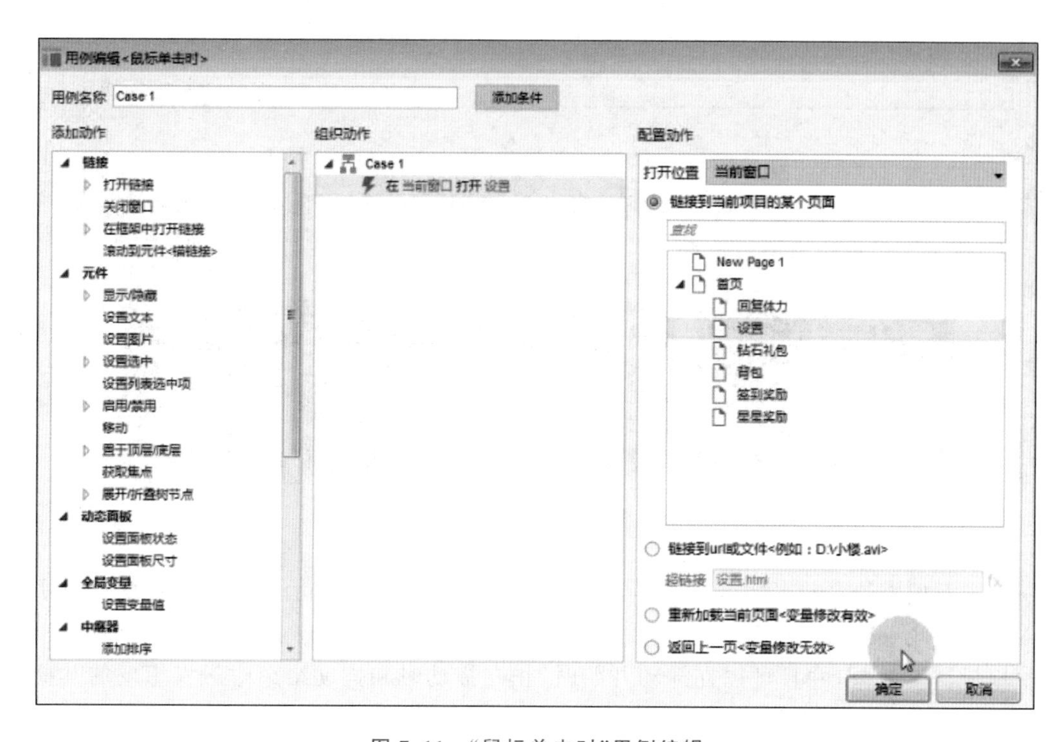

图 7.11 “鼠标单击时”用例编辑

成功，形成如图 7.3 所示的动态面板区域，接着在此基础上为其设置动态效果。当前动态面板中共有四个状态，分别双击打开每个状态，往下移动每个状态中图片的位置，使四个状态中的图片位置连起来播放产生向下的运动趋势。

步骤 7：为该动态面板添加“页面载入时”用例，如图 7.12 所示为该用例编辑情况。进入用例编辑界面，为其添加“设置面板状态”的动作，选择对应的动态面板名称后为其配置工作，为其设置 Next 效果向后播放动态面板中的图片，循环间隔为 500ms。

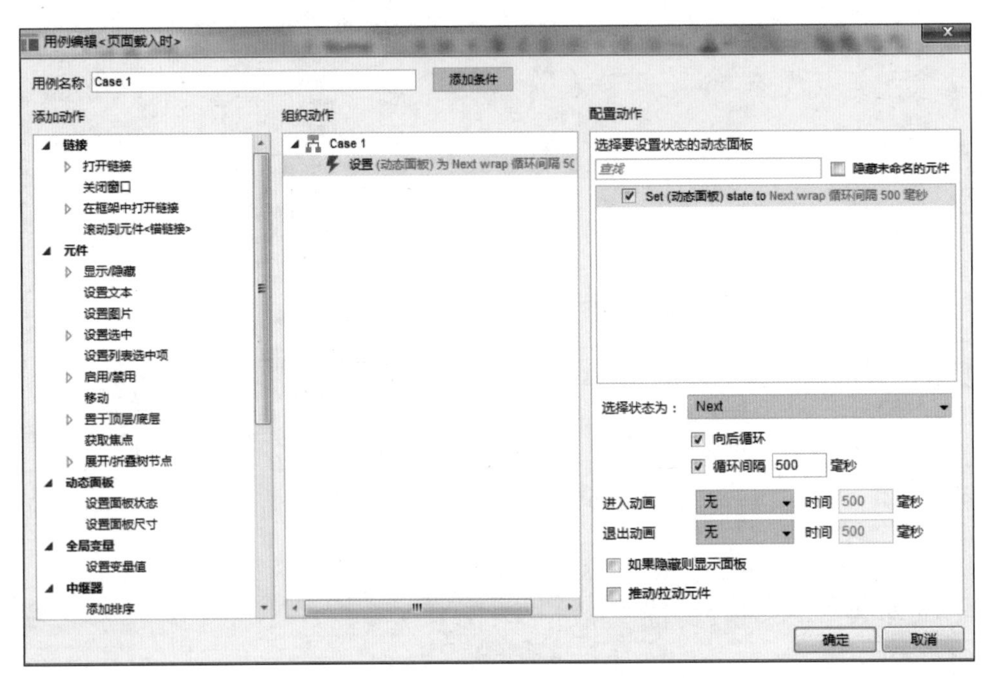

图 7.12　“页面载入时”用例编辑

步骤 8：由此实现手游页面打开后自动开启图片向下循环运动的效果。效果图如图 7.13 所示。可以按需适当微调。

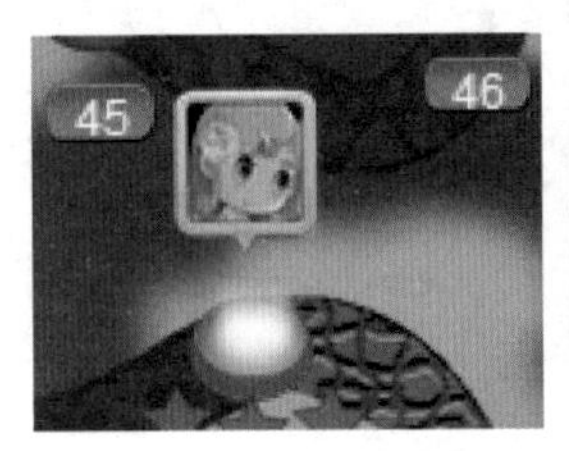

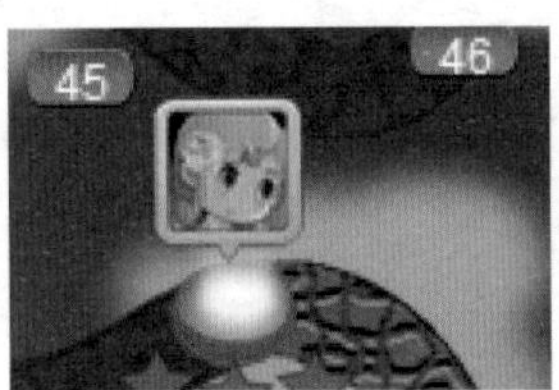

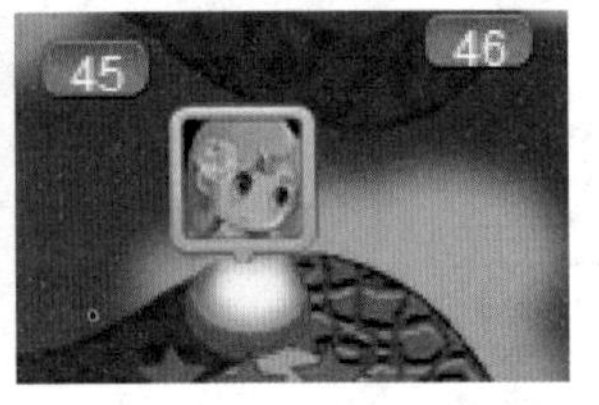

图 7.13　运动效果

动态面板中的一些事件是由用户创建的动作触发的，比如显示或移动动态面板。用户可以使用这些事件来创建高级交互，比如展开折叠区域或者轮播广告，使用拖动事件可以制作出拖放交互效果，并且可以在拖动开始时、正在拖动时和拖动结束时触发想要的其他交互。总体来看，动态面板事件主要包括如下几类，可以根据实际设计需要灵活使用。

（1）状态改变时。

动态面板状态改变时，事件是由“设置面板状态”这个动作触发的。这个动作经常用来触发面板状态改变的一连串交互。

(2) 拖动时。

拖动事件是由面板的“拖动”或者快速单击、拖、释放而触发的。这个事件通常用于App原型中的幻灯片和导航。最常见的使用方法是配合“设置面板状态”到“下一个/上一个”。

(3) 滚动时。

动态面板的滚动事件是由动态面板滚动栏的滚动所触发的。要触发特定的滚动位置交互,你可以添加条件,如[[this.ScorllX]]和[[this.ScorllY]]。如if[[this.ScorllY]]>200,then hide dynamic panel。

(4) 改变大小时。

改变大小时事件是当动态面板大小改变时,由“设置面板尺寸”动作触发的。当“设置面板尺寸”这个动作用在其他元件上时,可以用来触发一连串事件。

(5) 载入时。

动态面板的载入时事件,是由页面初始加载动态面板时触发的。可以使用此事件代替页面载入时事件。

7.4 设计作业

要求学生使用动态面板设计实现Banner轮播画面的自动播放,单击鼠标切换下一个画面的效果。

第8章 函数与中继器

8.1 函　　数

通过程序代码中引入函数名称和所需的参数，可在该程序中执行（或称调用）该函数。也就是说类似于过程。函数名称比较好区别，名称带有“()”，同时函数也分为无参函数和有参数函数，前者可以直接调用，而后者则需要写入参数进行运算。下面以图表的形式展现几类常用函数的用途。如表8.1～表8.10分别为常用的几类表达式及其作用介绍。

表8.1　字符串函数（String Function）

函　　数	作　　用
length()	返回字符串中的字符数目
charAt()	返回在指定位置的字符
charCdeAt()	返回指定位置的字符的Unicode编码
concat()	用于连接两个或多个字符串
indexOf()	返回某个指定的字符串值在字符串中首次出现的位置
lastIndexOf()	返回一个字符串中最后一个出现的指定文本位置
replace()	用于在字符串中用一些字符替换另一些字符，或替换一个与正则表达式匹配的子串
slice()	用于提取字符串的片段，并在新的字符串中返回被提取的部分
split()	用于把一个字符串分割成字符串数组
substr()	从起始索引号提取字符串中指定数目的字符
substring()	用于提取字符串中介于两个指定下标之间的字符
toLowerCase()	用于把字符串转换为小写
toUpperCase()	用于把字符串转换为大写
trim()	用于删除字符串中开头和结尾多余的空格
toString()	返回字符串

表8.2　数学函数（Math Function）

函　　数	作　　用
+	返回数的和
−	返回数的差
*	返回数的积
/	返回数的商

续表

函　　数	作　　用
%	返回数的余数
abs(x)	返回数的绝对值
acos(x)	返回数的反余弦值
asin(x)	返回数的反正弦值
atan(x)	以介于 $-\pi/2$ 与 $\pi/2$ 弧度之间的数值来返回 x 的反正切值
atan2(y,x)	返回从 x 轴到点(x,y)的角度(介于 $-\pi/2$ 与 $\pi/2$ 弧度之间)
ceil(x)	对数进行上舍入
cos(x)	返回数的余弦值
exp(x)	返回 e 的指数
floor(x)	对数进行下舍入
log(x)	返回数的自然对数(底为 e)
max(x,y)	返回 x 和 y 中的最高值
min(x,y)	返回 x 和 y 中的最低值
pow(x,y)	返回 x 的 y 次幂
random()	返回 0～1 之间的随机数
sin(x)	返回数的正弦值
sqrt(x)	返回数的平方根
tan(x)	返回角的正切值

表 8.3　日期函数(Date Function)

函　　数	作　　用
now()	根据计算机系统设定的日期和时间返回当前的日期和时间值
genDate()	输出 Axure RP 原型生成的日期和时间值
getDate()	从 Date 对象返回一个月中的某一天(1～31)
getDay()	从 Date 对象返回一周中的某一天(0～6)
getDayOfWeek()	返回基于计算机系统的时间周
getFullYear()	从 Date 对象以 4 位数字返回年份
getHours()	返回 Date 对象的小时(0～23)
getMilliseconds()	返回 Date 对象的毫秒(0～999)
getMinutes()	返回 Date 对象的分钟(0～59)
getMonth()	返回 Date 对象的月份(0～11)
getMonthName()	基于与当前系统时间关联的区域,返回指定月份的完整名称
getSeconds()	返回 Date 对象的秒数(0～59)
getTime()	返回 1970 年 1 月 1 日至今的毫秒数
getTimezoneOffset()	返回本地时间与格林尼治标准时间(GMT)的分钟差
getUTCDate()	根据世界时从 Date 对象返回月中的一天(1～31)
getUTCDay()	根据世界时从 Date 对象返回周中的一天(0～6)
getUTCFullYear()	根据世界时从 Date 对象返回四位数的年份
getUTCHours()	根据世界时返回 Date 对象的小时(0～23)
getUTCMilliseconds()	根据世界时返回 Date 对象的毫秒(0～999)
getUTCMinutes()	根据世界时返回 Date 对象的分钟(0～59)
getUTCMonth()	根据世界时返回 Date 对象月份(0～11)

续表

函　　数	作　　用
getUTCSeconds()	根据世界时返回 Date 对象的秒(0～59)
parse()	返回 1970 年 1 月 1 日午夜到指定日期(字符串)的毫秒数
toDateString()	把 Date 对象的日期部分转换为字符串
toISOString()	以字符串值的形式返回采用 ISO 格式的日期
toJSON()	用于允许转换某个对象的数据以进行 JavaScript Object Notation(JSON)序列化
toLocaleDateString()	根据本地时间格式,把 Date 对象的日期部分转换为字符串
toLocaleTimeString()	根据本地时间格式,把 Date 对象的时间部分转换为字符串
toLocaleString()	根据本地时间格式,把 Date 对象转换为字符串
toTimeString()	把 Date 对象的时间部分转换为字符串
toUTCString()	根据世界时,把 Date 对象转换为字符串
UTC()	根据世界时返回 1970 年 1 月 1 日到指定日期的毫秒数
valueOf()	返回 Date 对象的原始值
addYears(years)	返回一个新的 DateTime,它将指定的年数加到此实例的值上
addMonths(months)	返回一个新的 DateTime,它将指定的月数加到此实例的值上
addDays(days)	返回一个新的 DateTime,它将指定的天数加到此实例的值上
addHours(hours)	返回一个新的 DateTime,它将指定的小时数加到此实例的值上
addMinutes(minutes)	返回一个新的 DateTime,它将指定的分钟数加到此实例的值上
addseconds(seconds)	返回一个新的 DateTime,它将指定的秒数加到此实例的值上
addMilliseconds(ms)	返回一个新的 DateTime,它将指定的毫秒数加到此实例的值上

表 8.4　数字函数(Number Function)

函　　数	作　　用
toExponential(decimalPoints)	把对象的值转换为指数计数法
toFixed(decimalPoints)	把数字转换为字符串,结果的小数点后有指定位数的数字
toPrecision(length)	把数字格式化为指定的长度

表 8.5　元件函数(Widget Function)

函　　数	作　　用
this	当前元件,指在设计区域中被选中的元件
target	目标元件,指在用例编辑器中配置动作时选中的部件
widget. x	元件的 x 轴坐标
widget. y	元件的 y 轴坐标
widget. width	元件的宽度
widget. heigth	元件的高度
widget. scrollX	动态面板 x 轴的滚动距离
widget. scrollY	动态面板 y 轴的滚动距离
widget. text	元件上的文字内容
widget. top	元件的顶部
widget. left	元件的左侧
widget. right	元件的右侧
widget. bottom	元件的底部

表 8.6　页面函数(Page Function)

函　　数	作　　用
PageName	可把当前页面名称转换为字符串

表 8.7　窗口函数(Windows Function)

函　　数	作　　用
Windows. width	可返回浏览器窗口的宽度
Windows. heigth	可返回浏览器窗口的高度
Windows. scrollX	可返回鼠标滚动(滚动栏拖动)x 轴的距离
Windows. scrollY	可返回鼠标滚动(滚动栏拖动)y 轴的距离

表 8.8　鼠标函数(Cursor Function)

函　　数	作　　用
Cursor. x	鼠标指针的 x 轴坐标
Cursor. y	鼠标指针的 y 轴坐标
DragX	元件沿 x 轴瞬间拖动的距离(拖动速度)
DragY	元件沿 y 轴瞬间拖动的距离(拖动速度)
TotalDragX	元件沿 x 轴拖动的总距离
TotalDragY	元件沿 y 轴拖动的总距离
DragTime	元件拖动的总时间

表 8.9　中继器/数据集(Repeater/DataSet)

函　　数	作　　用
Item	中继器的项
Item. Column	中继器数据集的列名
index	中继器项的索引
isFirst	中继器的项是否第一个
isLast	中继器的项是否最后一个
isEven	中继器的项是否偶数
isOdd	中继器的项是否奇数
isMarked	中继器的项是否被标记
isVisible	中继器的项是否可见
repeater	返回当前项的父中继器
visibleItemCount	当前页面中所有可见项的数量
itemCount	当前过滤器中的项的个数
datacount	中继器数据集中所有项的个数
pagecount	中继器中总的页面数
pageindex	当前显示内容的页码

表 8.10　条件操作符(Conditional Operator)

符号	作　　用
==	等于
!=	不等于
<	小于

续表

符号	作　　用
>	大于
>=	大于或等于
<=	小于或等于
&&	并且
||	或者

8.2 中　继　器

中继器是 Axure RP 软件的重要功能，也是该软件中复杂性较高的功能。中继器可以用来呈现重复的列表内容，操作则是通过元件交互中的“每项加载时”将数据集中记录、循环地加载其上，为每一条记录显示一项。如图 8.1 和图 8.2 分别为添加中继器元件与双击该元件的显示界面。

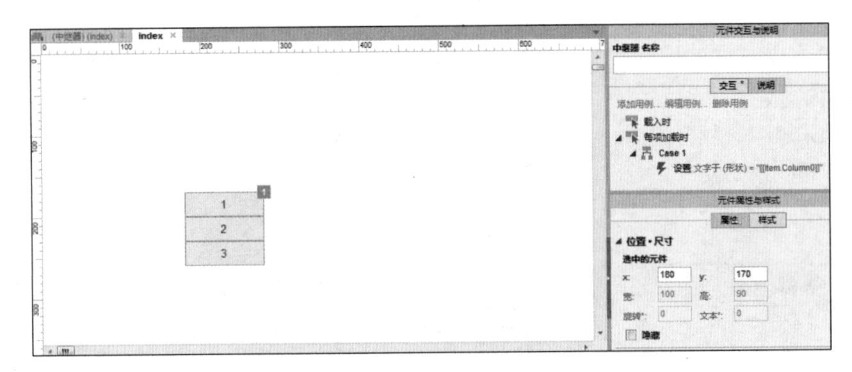

图 8.1　添加中继器元件

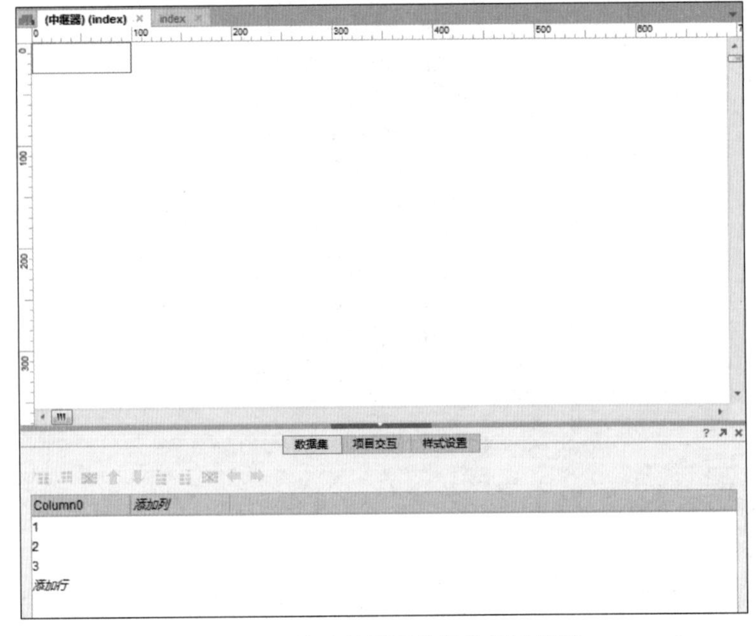

图 8.2　双击中继器元件后的显示界面

中继器的应用主要分为数据集、交互和样式三个部分。如图 8.2 所示，上面的编辑区中主要显示每一条记录中的数据。下面的中继器设置区域，主要有“数据集”“项目交互”“样式设置”等三块内容，可以分别对应予以设置。

数据集是中继器的数据来源，可以通过在数据集中添加数据，然后将数据赋值给中继器的具体元件来实现赋值的效果。如果需要在中继器中添加图像，右击，在弹出的快捷菜单中选择“导入图像”即可。一个元件的数据值会对应中继器数据集中一列的数据，所以在命名的时候最好将元件的名称与中继器数据集中的名称对应起来，这样在进行赋值的时候就会比较方便。针对中继器还需要注意的是，虽然中继器功能比较强大，但仅限于模拟数据库的功能来实现增加、删除、修改、排序、过滤等操作，实际上是无法与真实数据库相比的，在此的中继器无法将真正数据库中的数据导入 Axure RP 的中继器中，同时模拟原型关闭浏览器后，中继器中的所有数据将被重置为默认状态，也即仅仅是在原型中设计了中继器用来模拟数据库功能。在中继器的数据集中添加的数据，是不会自动填充到中继器里的，在中继器中添加交互之后，才会将数据集中的数据赋值给具体的元件。在中继器交互中的“每项加载时”添加用例，然后将中继器中数据列的值，赋予具体的元件。在进行文本的设置时，如果是设置图像，则选择“设置图像”，如果需要将文本进行其他的处理，比如对字体、颜色等进行变更，则将其中的值更换为富文本即可。如图 8.3 所示为添加“设置文本”“设置图片”用例。

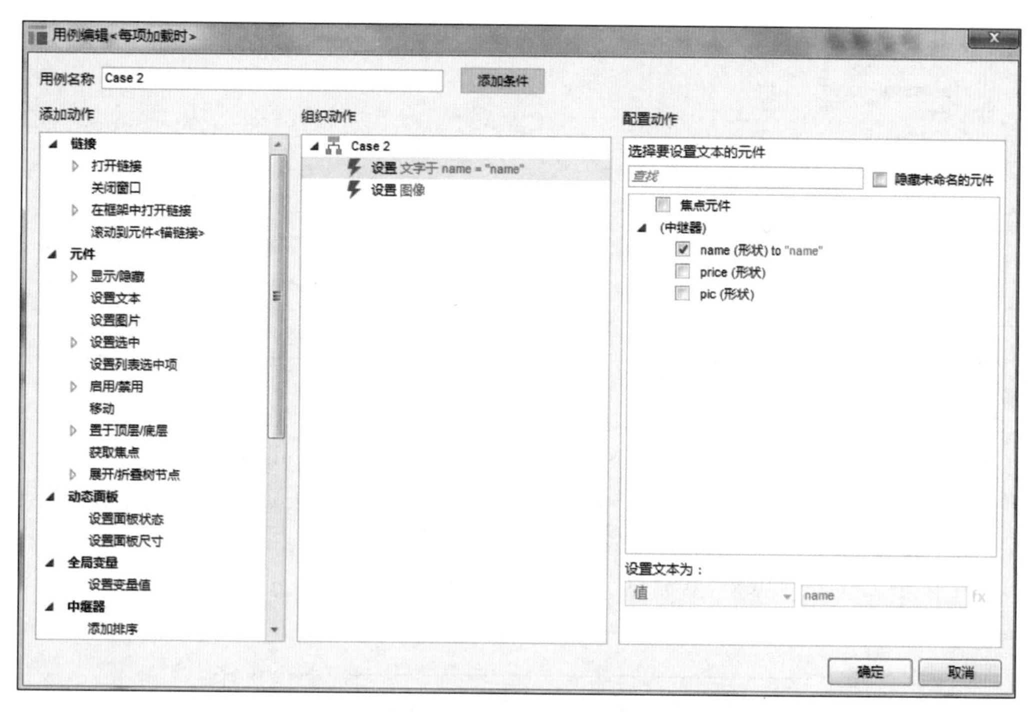

图 8.3　添加“设置文本”“设置图片”用例

中继器的样式主要有布局、背景、分页、间距等功能。布局就是选择列表的纵向和横向排列，以及每一列显示几个数据，也即换行，分页功能则是将数据集中的数据进行分页展示，而翻页则是通过页码或者功能键实现用户浏览完一个页面翻页继续浏览的功能。

应用场景：列表的翻页效果。

制作过程：

步骤1：首先通过设置动作来实现每页显示的项目数量，使得每页项目数与中继器样式设置中的分页设置保持一致。

步骤2：添加分页动作，使得改变下拉列表框选项时触发选项改变时事件。设置其中的每页项目数量，设置局部变量接收下拉列表框的选项值等实现中继器每页显示不同数量的项。

步骤3：添加“设置当前显示页面”动作，选择配置动作的中继器，并在下方选择所需要的翻页效果选项。如图8.4所示为添加“设置当前显示页面”动作的工作界面。

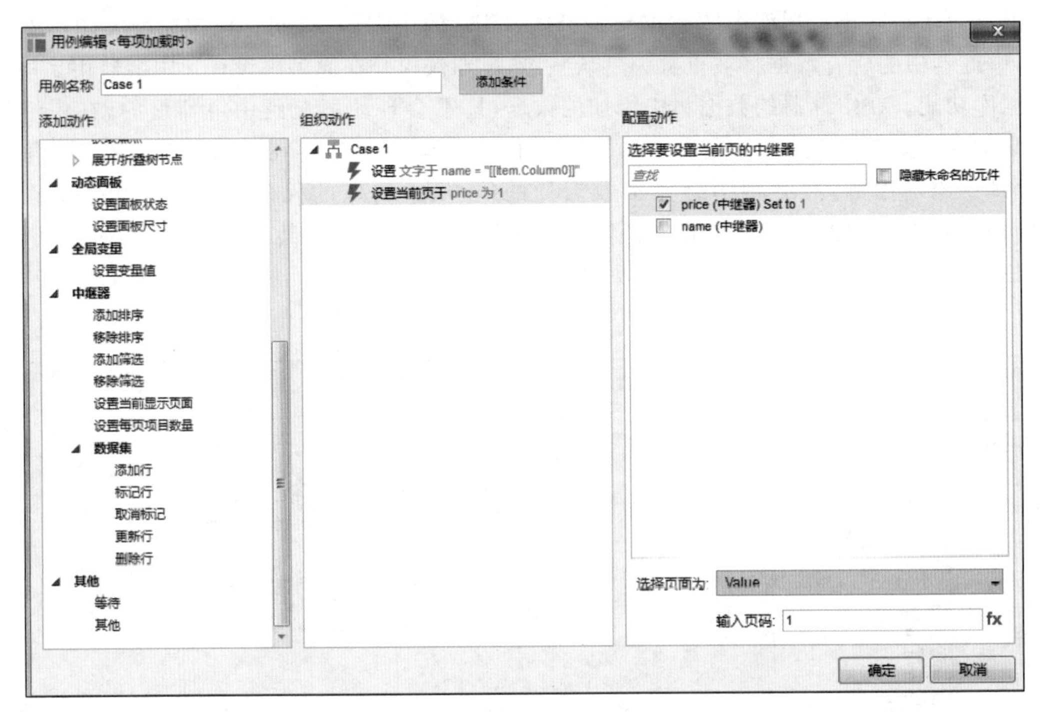

图8.4　添加“设置当前显示页面”动作

下方的选择页面有Previous、Next、Last、Value四种。Previous表示向前翻页，Next表示向后翻页，Last表示翻页到尾页，Value则表示翻页到首页和按页码翻页。在选择Value之后，还需要进一步对值进行编辑。输入数字1表示翻页到首页。按页码翻页，则需要在值的输入框中输入[[This.text]]，通过This.text获取到被单击的页码上的文字。图8.5所示即为对应的设置。

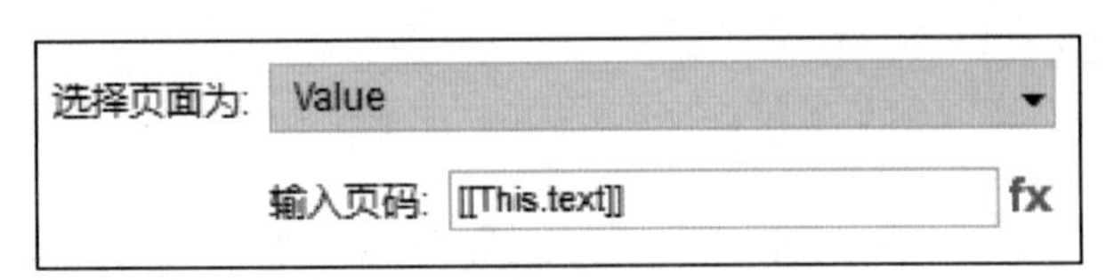

图8.5　翻页参数设置

8.3 设计作业

要求学生将 iPhone 状态栏、iPhone 控制面板及 Banner 轮播画面等加以整合，并使用 this 等元件函数实现按住 iPhone 页面图标可以移动至指定位置的功能。

第 三 部 分

网站原型设计项目篇

第9章 个人作品展示网页

为更好地监管教学过程，参照项目管理体系将设计项目课程的流程进行分解，每个项目课程的开展分为五个阶段：

(1) 启动——指导学生完成分组(2～3名学生成组)，从实践性、科学性、综合性上考量项目，确定项目主题；

(2) 计划——指导学生调研、分析项目，包括对实际环境、文化背景、形象、功能作用，同时参考同类项目，并收集整理资料和图片；

(3) 执行——指导学生通过草图的设计，构思完成初步方案；

(4) 控制——指导学生调整并确定方案后设计制作正稿，以及讲授网站原型的设计与制作；

(5) 收尾——指导学生进行展示处理以及把控整体质量。

在每个阶段设置里程碑进行检查，启动阶段为确定主题，计划阶段为项目设计规划书，执行阶段为草图的设计，控制阶段为项目功能模块的实现，收尾阶段为验收项目。通过项目管理使得项目课程有序、有效地开展。下面通过网站原型设计与制作项目进一步说明。

9.1 应用场景

个人作品展示网页是一种提供个人作品与人交互的途径，通过作品展示达到招聘单位与被招聘人之间的信息传递，在网页设计中是一种广泛使用的设计应用。个人作品展示网页注重作品的个性化呈现与个人设计理念的完整表现，需要在页面中展示出个人的基本设计素养，因而需要挑选出最优设计的作品并将其最优化展示。如图9.1所示为个人作品展示网页效果图。

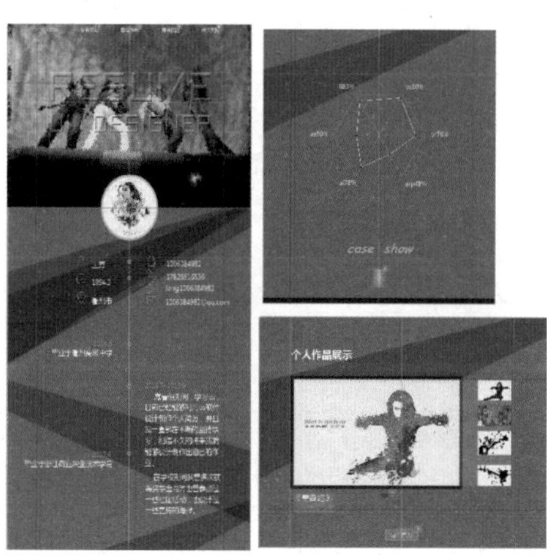

图9.1 个人作品展示网页效果图

9.2 制作过程

本案例讲解图 9.1 的个人作品展示网页的基本设计制作。该网页的设计制作在前期主要通过寻找素材和浏览网页来激发灵感，随后勾画草图，使用 Illustrator、Photoshop 等软件制作素材，使用 Axure RP 软件制作网页效果等，相关页面会使用到 Axure RP 中的动态面板等内容。

步骤 1：根据预期设计效果，整理已有资料，使用 Illustrator、Photoshop 等软件设计制作素材。如图 9.2 和图 9.3 所示为素材制作和素材设计。

图 9.2 素材制作

图 9.3 素材设计

步骤 2：手工绘制设计草图，做到对界面设计心中有数。然后在草图中标注好可能运用到的效果位置及目标效果的变换过程，为后面效果设计制作做好准备。

步骤 3：在如图 9.4 所示的首页上方添加“个人信息”“联系方式”“教育经历”“专业技能”“社会实践”等导航条内容。

步骤 4：先在“个人信息”导航内容上添加热区，热区呈现透明层效果，将该热区覆盖于“个人信息”导航内容上。为实现单击“个人信息”滚动到首页下方对应的信息，将首页拉至个人信息所在的位置，该位置有一个名为“姓名”的图片元件。回到“个人信息”导航位置，添

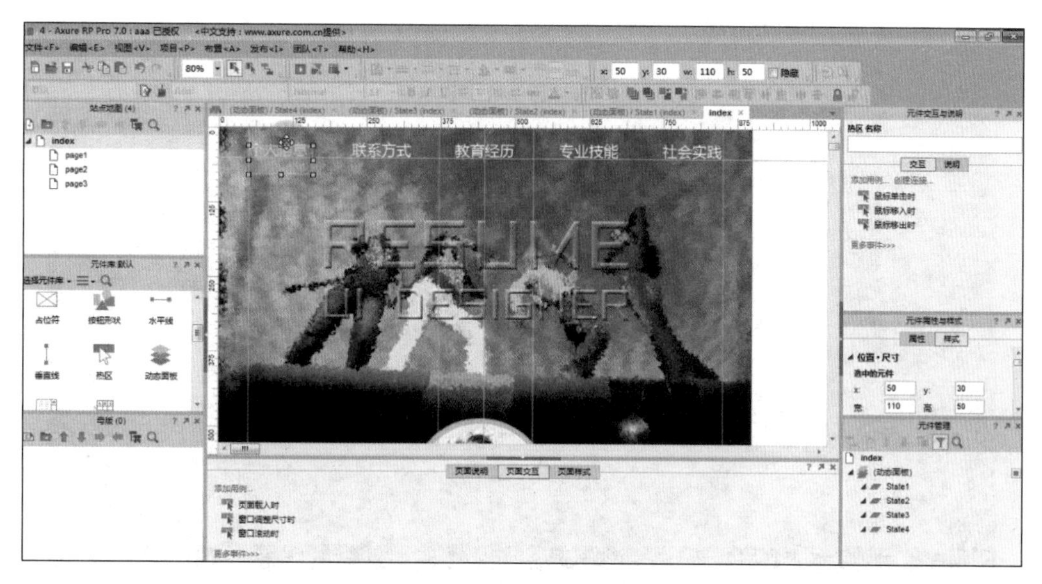

图 9.4　首页设计

加“鼠标单击时”用例，在如图 9.5 所示区域完成用例编辑。在组织动作中添加“滚动到元件<锚链接>”，配置动作中选择“姓名”元件即可，单击“仅垂直滚动”。同样方法，分别为各导航内容添加热区。

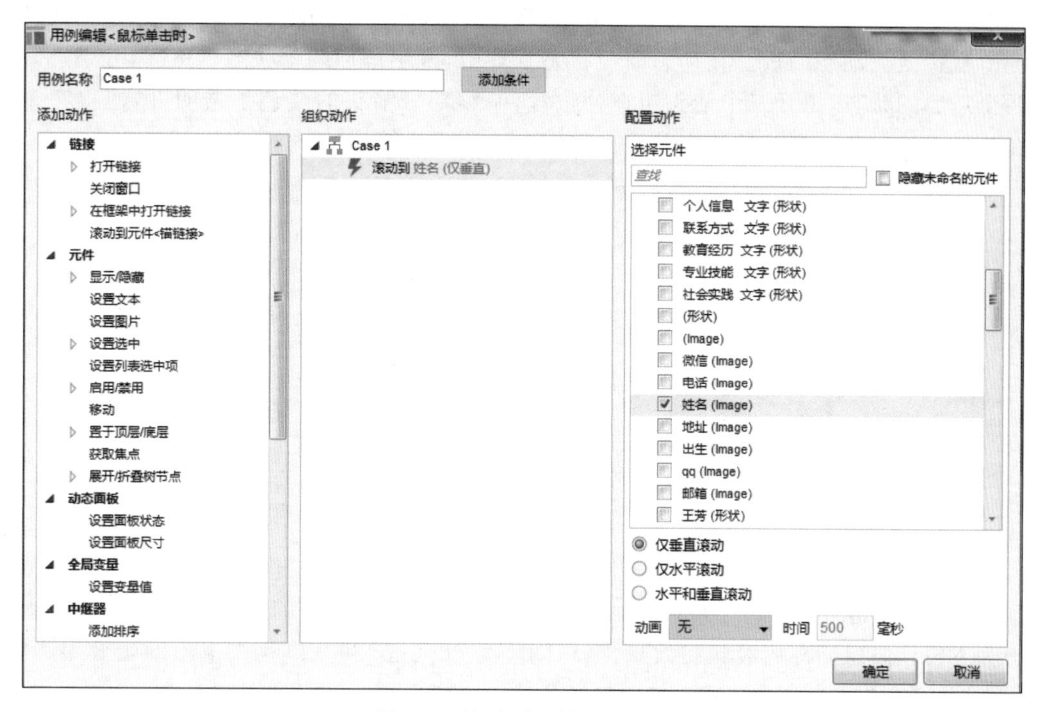

图 9.5　滚动到元件用例编辑

步骤 5：为扩展首页的展示空间，在首页下方添加一个动态效果的箭头，单击之后可以跳转到另一个页面。添加矩形元件，并单击矩形右上角小圆点，将其转换为如图 9.6 所示的箭头。在配色方面,可以从右侧“元件属性与样式”区域中设置,在该区域的“样式”中可以设置边框、线型、填充等。

图 9.6 添加箭头元件

步骤 6:复制两份制作好的箭头副本,并将各箭头元件错开排列。然后将这箭头元件全部选中后转换为动态面板。在动态面板状态管理中,复制添加两个状态。然后,分别进入其他两个添加的状态,错开三个箭头所在的位置,调整部分箭头的颜色不透明度,使得三个状态在连续播放时产生自然的动态效果。如图 9.7 所示为箭头的动态面板。

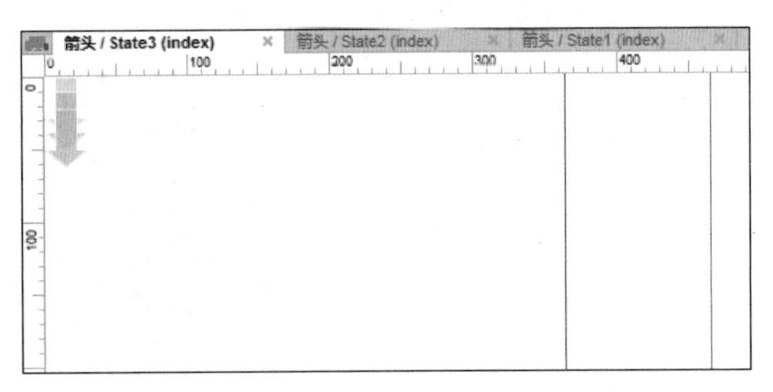

图 9.7 箭头的动态面板

步骤 7:为实现箭头动态效果,在 Axure RP 软件“页面交互”区域,单击“页面载入时”添加如图 9.8 所示的用例。为相关动态面板添加组织动作“动态面板状态”,配置动态面板状态为 Next,向后循环播放状态效果,循环间隔为 3000ms,进入动画与退出动画效果为“逐渐”。该效果也即自动轮播,可以实施于相关动态面板上展现图片自动播放效果。

步骤 8:回到首页添加跳转到 page1 的效果。选择箭头所在的元件,单击“鼠标单击时”添加用例,打开实现如图 9.9 所示的用例编辑界面。添加组织动作“打开链接”,配置动作中选择 page1 页面。

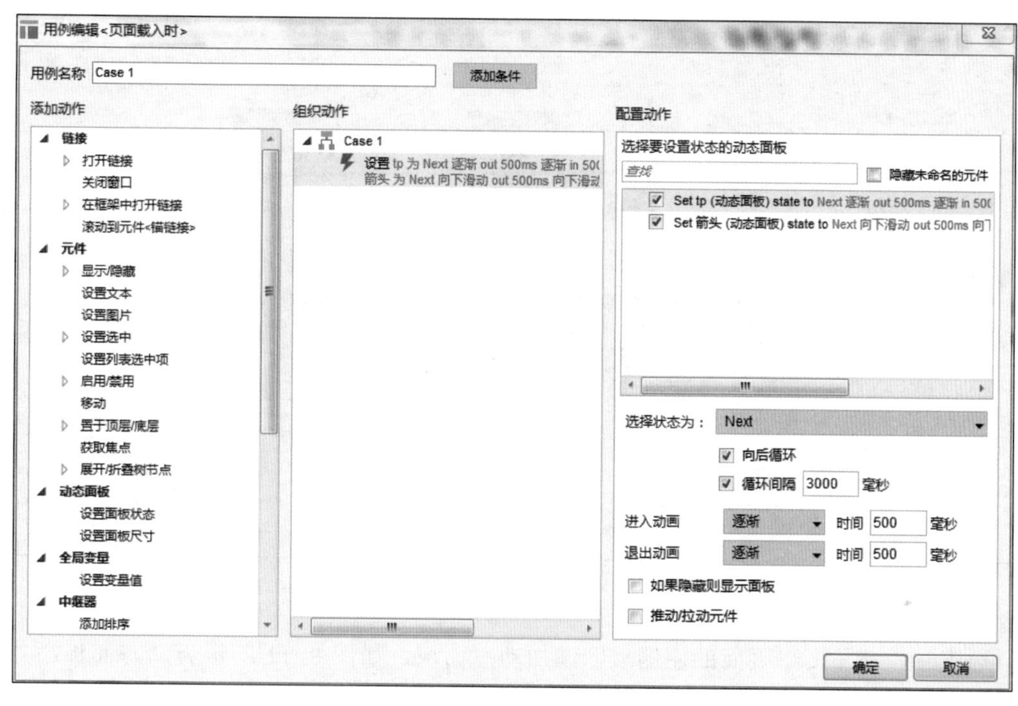

图 9.8　页面载入时用例编辑

图 9.9　鼠标单击时用例编辑

步骤 9：在 page1 页面中添加辅助线，并添加图片、文字等相关元件，实现如图 9.10 所示的基本效果。

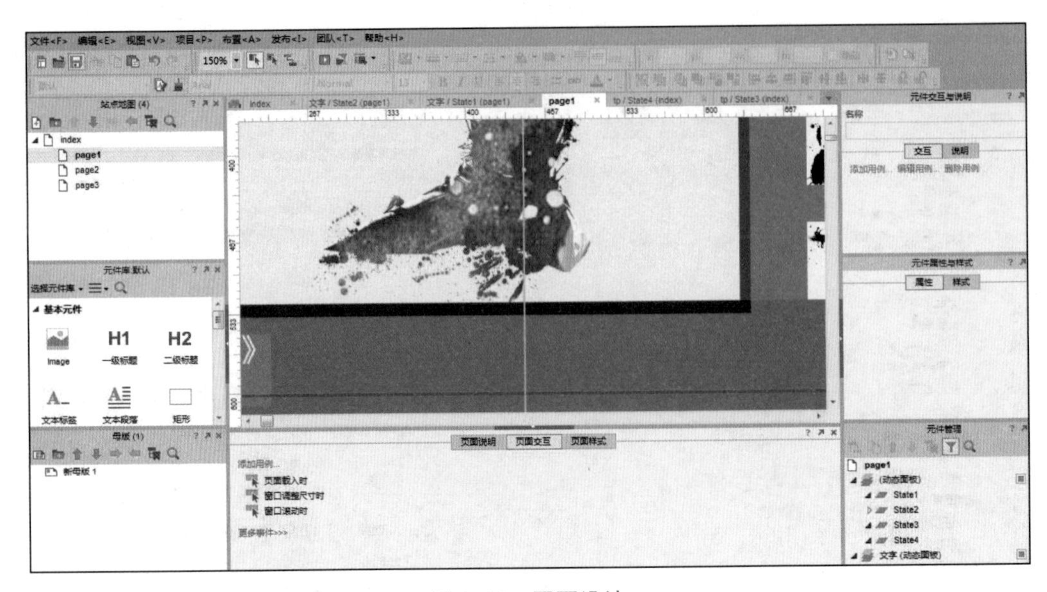

图 9.10　页面设计

步骤 10：为 page1 页面的左侧大图添加动态面板。如图 9.11 所示为动态面板添加状态情况。该动态面板状态管理中一共有四个状态，分别为其添加不同的作品图，以实现多作品图的展示。

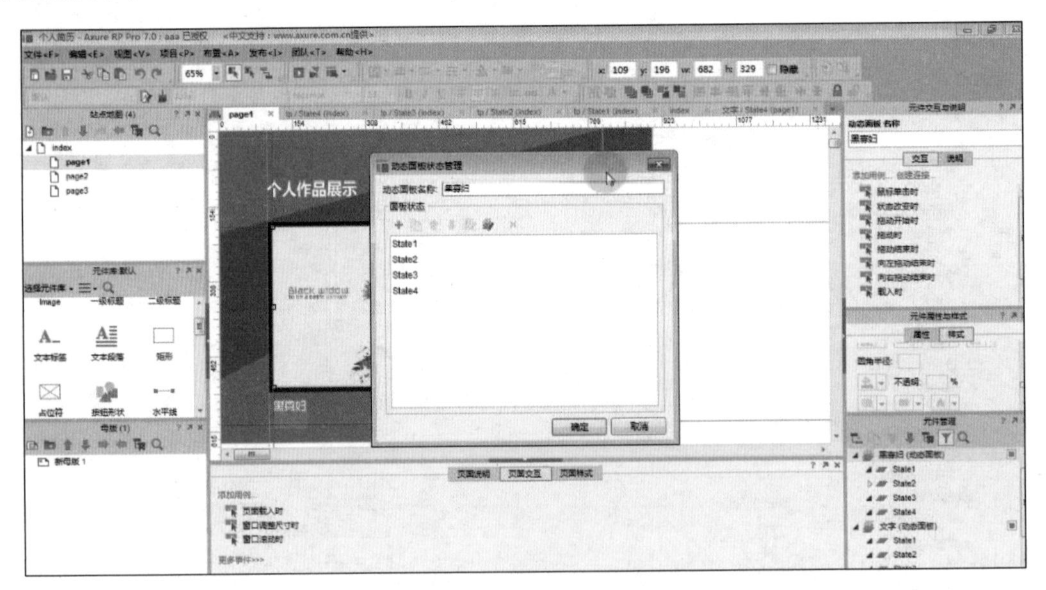

图 9.11　动态面板状态管理

步骤 11：为实现多作品图展示，还要添加一个用例。在此添加一个鼠标单击动态面板所在图下方的小三角实现下一张作品图展示的效果。单击小三角为其添加“鼠标单击时”用例，如图 9.12 为用例编辑情况，配置动态面板状态为 Next，向后循环播放状态效果，进入动画与退出动画效果为“逐渐”，只需要单击一次就会向下显示一张图，因而不需要设置循环间隔时间。

图 9.12　鼠标单击时用例编辑

步骤 12：最后为实现从其他页面可以返回到首页的效果，需要在 page1 等页面下方加上返回按钮。在页面下方添加矩形框，并为其填充颜色，然后在其上添加文字“返回首页”，如图 9.13 所示。为使文字和图形两个元件保持对齐，可全选两个元件，在工具栏中选择“左右居中”和“上下居中”按钮(这些按钮在两个元件被选中前呈现灰色，不可用)。

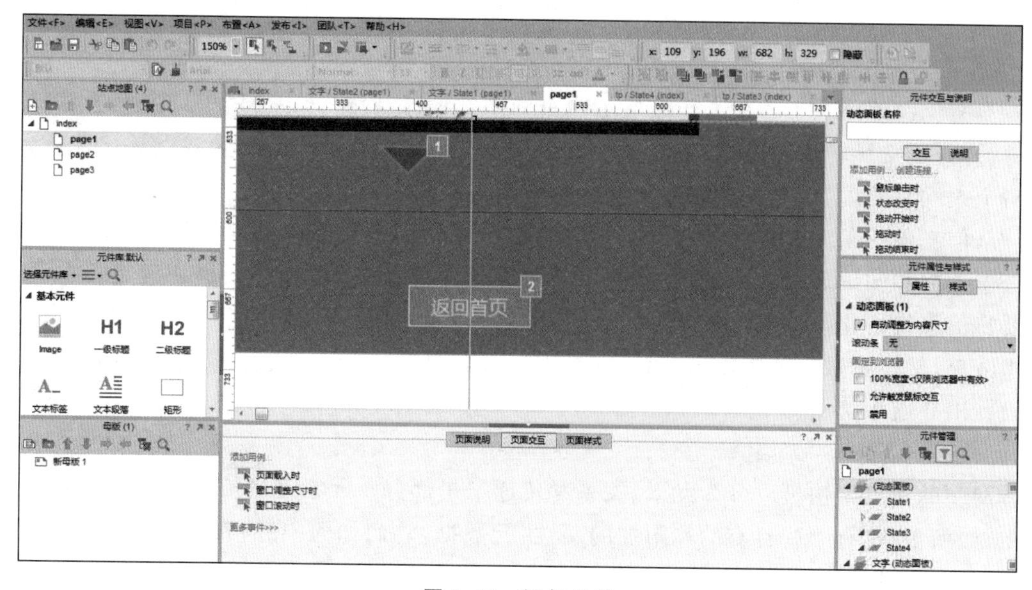

图 9.13　添加元件

步骤 13：在“返回首页”按钮上添加覆盖热区元件，保证热区元件长宽与被覆盖按钮长宽一致。为该热区添加“鼠标单击时”用例，如图 9.14 所示。添加组织动作“打开链接”，配置动作打开页面为 index，也就是首页。

至此该案例基本完成，单击菜单栏“发布”中的“预览”，查看效果并可适当调整其效果。

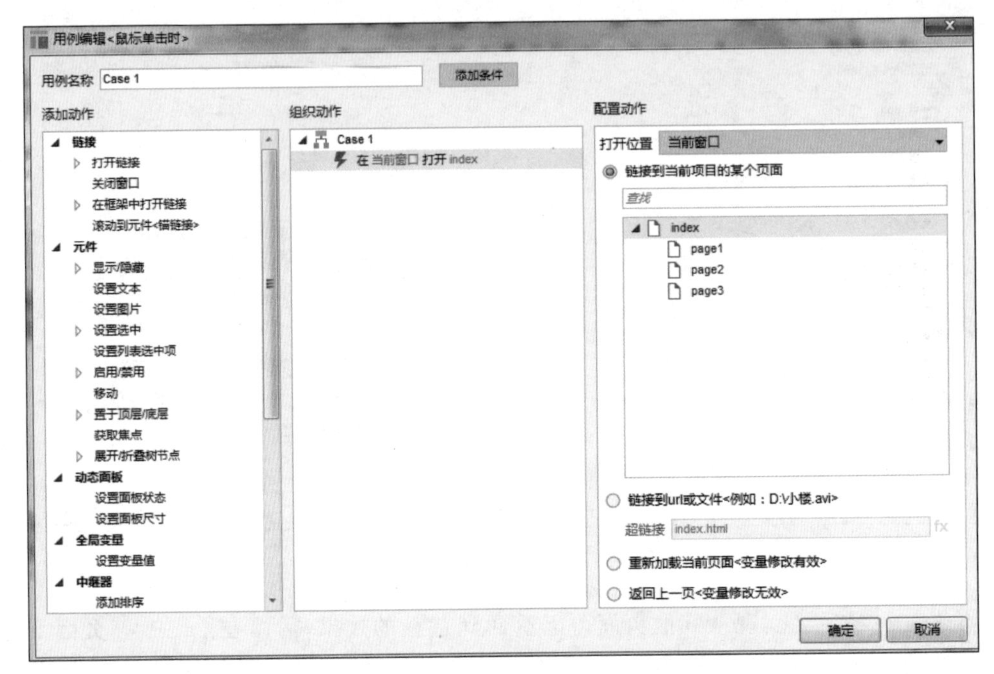

图 9.14 鼠标单击时用例

9.3 设计拓展

本案例讲解图 9.1 的个人作品展示网页的基本设计制作，其中使用了动态面板，滚动到元件，打开链接跳转页面等，实现的效果设计主要有自动轮播、手动点播、锚点链接等。为拓展对个人网页的理解，在此介绍网站信息框架相关的内容。

从信息流的角度来看，产品设计需要完成“数据—信息—知识—智慧”的传递。信息正好处于数据和知识之间的地带，产品的每个功能通过内容来实现产品目标或满足需求，所以需要将信息结构化，从而向用户传递有意义的信息知识，依据产品功能、内容范围列出内容需求清单，然后将数据结构化为有意义的信息，将信息的生产、传播、消费融入功能之中，最后设计出导航系统。

1. 网站信息架构的组成

网站的信息架构可以分为元素、关系和传递三个部分。元素就是信息单元是什么，由谁产生，如何更新，有哪些自有的和附加的属性、元数据，它们如何描述信息，如何在信息存取过程中发挥作用。关系是产品骨架，数据如何产生、如何分类、如何组织、如何流动、如何发生关系等。传递就是产品是否成功传递信息，使用者在哪里通过什么方式获得信息，界面对信息的描述、指示和引导是否充足有效。

2. 网站信息架构的框架

网站信息架构的框架主要包括三部分的内容，它们分别是设计结构、决定组织方式、制定标签。

(1) 设计结构。

设计结构决定网站信息单元的粒度，以及信息单元的相对大小或粗糙程度。表现为两个层次，第一层次是确定粒度，也就是从战略层的产品目标到表现层的信息表现，信息单元的粒度在逐渐变小，最后到达字段这一级别。第二层次是信息清单，也就是数据库的实体关系图(Entity-Relationship Diagram，ERD)，先确定实体清单，然后逐步细化找到信息节点、内容和元数据内的模式与关系，最后通过元数据和实体来建立字段清单和信息节点，并且厘清各实体的自然关系。

(2) 决定组织方式。

组织方式是以用户为中心来组织元数据，将以实体为中心的信息结构改为以用户为中心的信息结构，分为组织体系和组织结构。分类的标准、定义内容条目之间共享的特征会影响这些条目的逻辑分组方式，不同的层次、功能其分类依据可能会不一样。组织方式可以分为精确性组织体系和模糊性组织体系两种。

精确性组织体系可以将信息分为定义明确、互斥的区域。常见的是按字母顺序、按年表、按地理位置排序，以及从“如何描述这个物品”角度产生分面分类法，通常遵循 MECE (Mutually Exclusive Collectively Exhaustive)原则。模糊性组织体系依赖的是体系构建的质量，以及体系内个别条目摆放的位置。常见的类型有按主题、按任务和按用户三种类型。按主题设计时需要定义好内容的范围，注意涵盖面的广度；按任务设计时需要将内容和应用程序组织成流程、功能或工作的集合；按用户设计时，虽然用户群可以界定得比较清楚，可以提供很好的个性化服务，但是模糊性依然存在，对系统“猜测”的要求很高。

架构组织的方式是从上到下地拆分或者从下到上地聚合，常见结构类型如下。

① 层次结构：自上而下的分类，类型互斥(在排他性和包容性之间取得平衡)，平衡宽度(每一层选项数量)和深度(层级数)。

② 数据库模式：自下而上的分类，使用受控词表的元数据为文件和其他信息对象打上标签，就可以进行有力的搜索、浏览、过滤以及动态链接。

③ 中心辐射结构：分为核心、里层、外层，是一种特殊的层级化，一个节点只有一个子节点。

④ 矩阵结构：对应如 SWOT 分析法的多维度分析和节点连接。

⑤ 自然结构：对应漫游思维。

⑥ 线性结构：如路径图、时间线是线性结构的例子。超文本系统可用于情景式导航。

(3) 制定标签。

信息架构把一个结构应用到我们设定好的内容需求清单之中，导航设计是让用户看到那个结构的镜头。导航系统中更多的是线索，用户可以通过这些线索在结构中自由穿行。通用原则是尽量窄化范围，开发一致的标签系统而非标签。一致性很重要，因为它表示的是可预测性，当系统可预测时，就容易学习。影响一致性的因素主要有风格、版面形式(字体、字号、颜色、空白、分组方式等)、语法(动宾、问句)、粒度、理解性(没有重要的遗漏)、用户等。内容必须语义清晰，使用用户熟悉的语言。主干路径必须清晰，次要功能丰富主干，不可以喧宾夺主。

常用方法有：从已有内容中抽取；要求内容作者为内容建议标签；找用户代言人或主题专家(Subject Matter Expert，SME)；直接来自用户(如卡片分类，对小群标签如导航比较实用，自由列表)；间接来自用户(如jQuery日志分析、标签分析)等。

3. 网站信息架构的优点

网站信息架构为内容提供了情境，告诉用户位置所在，协助用户移动到其他关系紧密的网页，协助用户以层级方式(结构和目录)和情境方式(相关内容和功能)在网站内移动，让用户可以操控内容以便浏览、排序、筛选，让用户知道可以到哪里去找到基本服务(如登录和帮助等)。

区域导航系统：严格的层次结构中可能只提供一个页面的父节点和子节点，如果信息架构反映了用户对整个网站内容结构的思路，那么局部导航是非常合适的。

体现自然结构的导航：主要提供到兄弟节点“中间页”，提供传递，几乎全部是链接，如知乎、微信个人页面。

情景化导航系统：用链接统一连向相关内容，通常嵌在文字内，一般用来链接网站中高度专业化的内容。“内联导航”是嵌入页面内容的一种导航，如页面文字中的链接和订单中的快递信息。

其他导航信息：网站地图、索引表等常提供信息搜索的界面式或节点信息式帮助。

9.4 设计作业

在掌握本章相关知识、经验和操作方法的基础上，要求学生设计并完成个人作品展示网页的制作，网页的尺寸与大小自定。

第10章 欧美系视觉差网页

10.1 应用场景

欧美系视觉差网页是一种具有炫酷视觉效果，能够激起用户兴趣的网页。这类网页不论是在创意上还是在设计风格上都是值得借鉴的。总体来看，欧美系视觉差网页有两大类，一类是随着鼠标移动，相关元素按比例移动变化，另一类是鼠标移动向下滑动从而呈现网页背景视觉差的效果。在此主要用宽屏和鼠标向下滑动呈现网页背景视觉差来制作欧美系视觉差网页。如图 10.1 所示为欧美系视觉差网页。

所有这些失败都是走向成功的垫脚石

图 10.1　欧美系视觉差网页

10.2 制作过程

本案例讲解图 10.1 的欧美系视觉差网页的基本设计制作。该网页的设计制作前期主要通过寻找素材和浏览网页来激发灵感，随后勾画草图，使用 Illustrator、Photoshop 等软件制作素材，使用 Axure RP 软件制作网页效果等，相关页面使用到 Axure RP 中的动态面板等内容。

步骤 1：准备若干张用于首页设计制作的宽屏图片。图片尺寸均定为 3264×1836 像素，分辨率为 72 像素/英寸。如图 10.2 所示为相关图片。

图 10.2　首页设计制作所用图片

步骤 2：在新建的 Axure 文件中拖入图片元件，双击打开该元件进入选取图片窗口，选取好图片单击“打开”后会显示“图像太大程序运行缓慢，是否进行优化”，在此选择“是”，在“自动调整为图像原始尺寸”窗口中选择“否”，以保证图片容量大小不影响网页的正常运行。

步骤 3：右击图片，在弹出的快捷菜单中选择“转换为动态面板”命令，将其转换为动态面板。如图 10.3 所示为转换动态面板后的状态。转换为动态面板后，图片上像是覆盖了一层透明层。

步骤 4：双击右侧动态面板中的状态，可以打开看到该状态中所具有的图片等元素。双击进入动态面板状态管理，复制生成其他两个状态，使得该动态面板中一共有三个状态。为区分动态面板，将该动态面板重命名为“top_slider”。

图 10.3　转换为动态面板

步骤 5：双击进入 top_slider 动态面板中的状态 2 和状态 3 后，再次双击其中的图片并选择合适的图片。注意保证图片容量大小不影响网页的正常运行。此时该动态面板中一共有三种不同的状态。

步骤 6：在首页上方添加标题文字，并为文字调整颜色、粗细等效果。如图 10.4 所示为添加标题元件效果。

图 10.4　添加标题元件

步骤 7：选中“动态网页设计与制作原型设计”文字元件，将其转换为动态面板。在元件管理区域，单击复制状态按钮，复制出其他两个状态，并调整两个状态中的文字。如图 10.5 所示为其中状态 2 的内容。

图 10.5　动态面板中的状态 2

步骤 8：在首页中添加一个动态面板，将其命名为 timmer。为不影响视觉与操作，将其放置于左侧顶端。然后添加页面载入时的用例，如图 10.6 所示为用例编辑。在其中添加组织动作“设置面板状态”，配置动作中选择 timmer 动态面板，选择状态为 Next，向后循环，循环间隔为 4000ms。

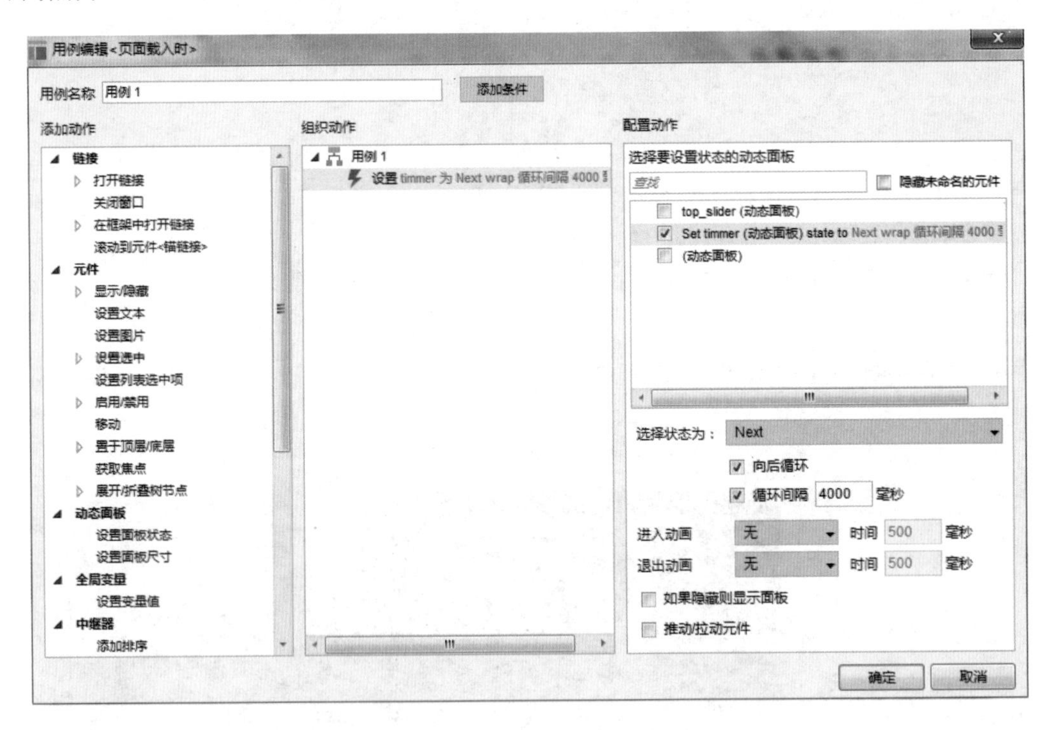

图 10.6　页面载入时用例编辑

步骤 9：添加状态改变时的用例，如图 10.7 所示为状态改变时的用例编辑。其中添加组织动作“设置面板状态”，配置动作中将 top_slider 和步骤 7 中的文字动态面板都选中，将它们设置为选择状态 Next，向后循环，进入动画和退出动画效果为“逐渐”。也就是说，一打开网页就执行页面载入时的 timmer 状态变化命令，从而引发状态改变时的用例，使得首页效果中文字、图片都自动播放起来，而 timmer 动态面板在背后起作用。

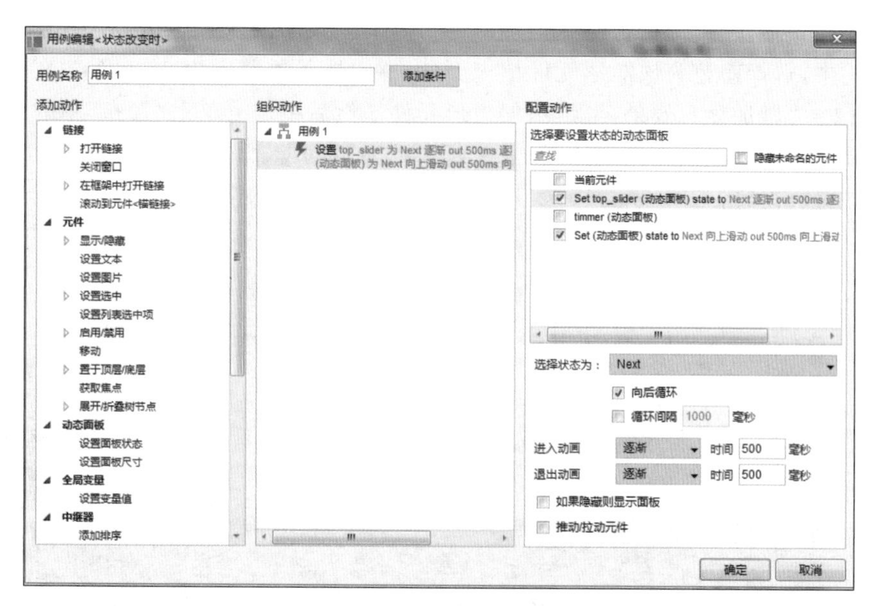

图 10.7 状态改变时用例编辑

步骤 10：为首页添加透明层等相关内容，并实现下拉首页能从透明层看到下层网页内容的效果。在之前制作好的首页下面拉出一个宽矩形，方法为添加矩形元件，拖拉矩形边使其与上面首页效果无缝相接。在该矩形上添加所需文字。如图 10.8 所示为添加矩形后的首页效果图。其中大图已在上述的步骤中实现自动轮播显示。

图 10.8 添加矩形后的首页效果图

步骤 11：按照步骤 10 的方法，继续在下方添加矩形元件。在 Axure RP 软件左侧元件属性与样式中，选择蓝色为该矩形元件填充颜色，并设置不透明度为 60%。

步骤 12：为增加显示效果，继续添加矩形元件。然后单击菜单上“发布”中的“预览”，执行预览效果命令。可以发现出现如图 10.9 所示的显示问题。该问题表现为后面添加的矩形与之前的首页内容错开显示，没有实现我们所要的鼠标可下拉的长版式首页效果。

图 10.9　预览发现的问题

步骤 13：为解决步骤 12 的问题，应做出相应调整。单击首页下方的页面样式，单击页面排列中的居中对齐按钮，将默认的向左对齐改为居中对齐，保证显示效果。可以看到页面排列中有“仅浏览器中有效”的文字说明，由于 Axure RP 主要针对原型设计，因而浏览器有效就已满足要求了。如图 10.10 所示为页面样式编辑。

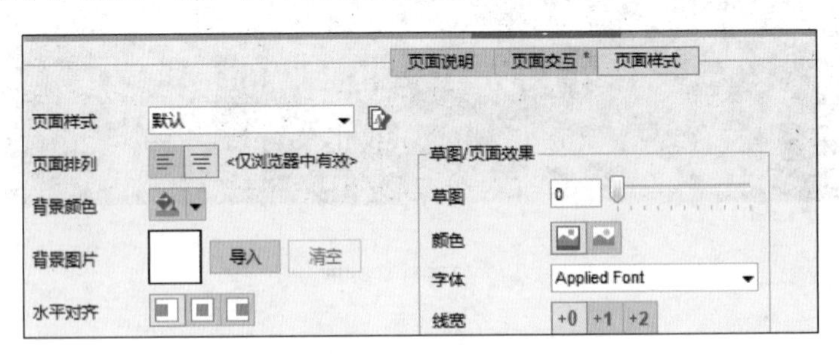

图 10.10　页面样式编辑

步骤 14：调整后再次预览查看效果，发现错位显示的问题已经解决。同样在页面样式中，添加灰色为其背景颜色。调整相关参数后实现如图 10.11 所示的长版式首页效果图。如图 10.12 所示为鼠标下拉网页，透明层在网页上的局部显示效果。

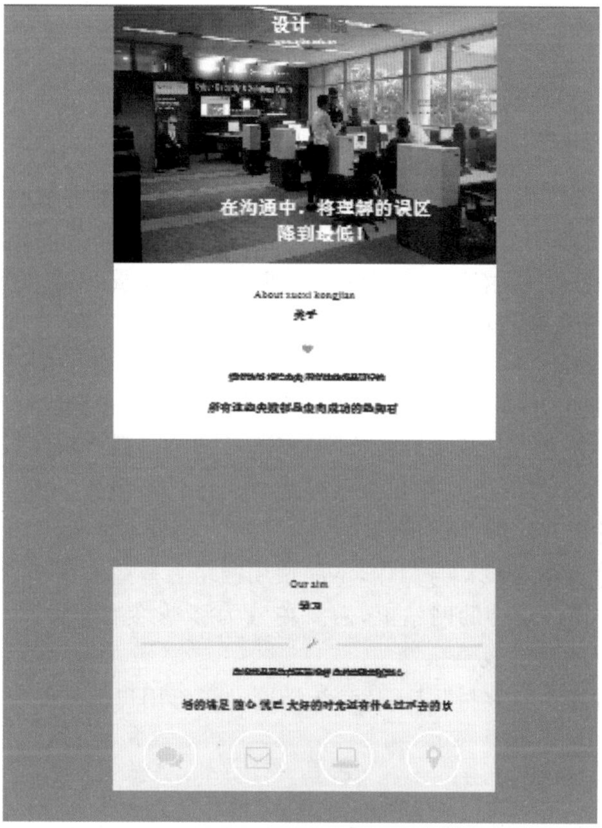

图 10.11　长版式首页效果图

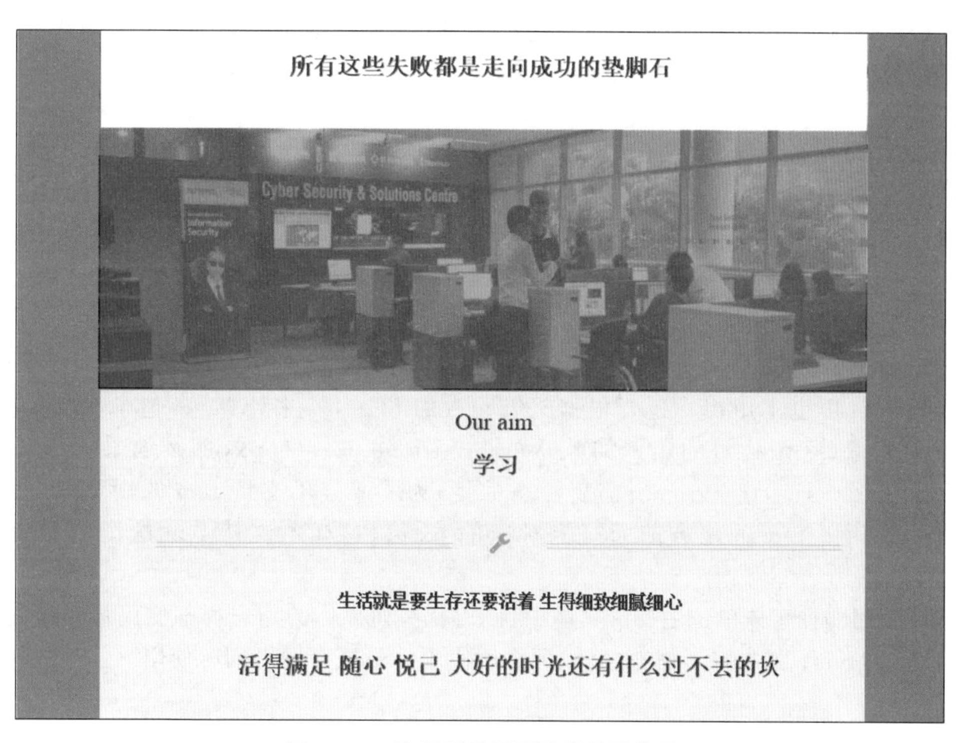

图 10.12　鼠标下拉网页局部显示效果

10.3 设计拓展

本案例讲解图 10.1 的欧美系视觉差网页的基本设计制作,其中需要灵活使用动态面板来实现相关效果。特别是使用不显示的 timmer 动态面板实现状态的改变,引起其他动态面板的用例变化,是需要好好思考的。另外,使用矩形等元件拓展网页显示效果时,如何解决显示与设计制作不一致的情况,也需要在预览调试中进一步熟悉。为拓展对欧美系视觉差网页的理解,在此介绍焦点图相关的内容。

1. 焦点图

焦点图,从应用的角度来说就是将企业的主打产品、服务和企业核心经营理念等以大版面图片方式呈现在网站上。呈现的图片通常是较新、较热门的产品或者服务,让用户一进入网站,视线就紧紧地被抓住。在使用焦点图时需要注意的事项如下。

(1) 图片要经过精心的设计和挑选。焦点图图片内容不能太复杂,要能聚焦到用户想要传达的信息。图片要精心设计与制作,不能使用网络上一些通用的素材图片。

(2) 在使用响应模式设计的网站上,需要单独为移动终端配置图片,确保在手机、iPad 等移动端上也有良好的显示效果。

(3) 网站焦点图需要经常测试与跟踪,统计网站浏览用户的转化率,不断地更新相关的图片。

2. 网页字体大小单位的说明

(1) px。

px 像素是常用的长度单位。它的大小是根据用户屏幕显示器的分辨率来决定的。因此不同的设备显示相同的像素值也可能会有不同的结果。如果网页设计人员使用 px 作为字体单位,那么其字体大小将不能被更改。

(2) em。

em 单位是根据父级元素的字体大小计算的。em 的值不是固定的,是继承父级元素的字体大小,代表倍数。浏览器的默认字体高都是 16px,未经调整的浏览器显示 1em=16px。但是有一个问题存在,就是如果设置 1.2em 则会变成 19.2px,问题是用 px 表示大小时数值会忽略掉小数位的,而且 1em=16px 并不容易转换。因此,我们常常人为地使用 1em=10px。如上所述,em 表示倍数,因而需要借助字体的百分比作为桥梁来计算。

(3) rem。

使用 rem 再也不用担心还要根据父级元素的 font-size 来计算 em 值了,因为它始终是基于根元素(<html>)的。例如默认的 html font-size=16px,那么如果希望设置为 12px,则为 12÷16=0.75rem。需要注意的是,为了兼容不支持 rem 的浏览器,我们需要在各个使用了 rem 的地方前面写上对应的 px 值,这样不支持 rem 的浏览器就可以降级兼容。

选择使用哪种字体单位主要由具体项目来决定,如果你的用户群都使用最新版的浏览器,推荐使用 rem;如果要考虑兼容性,那么就使用 px;或者两者同时使用。

10.4 设计作业

在掌握本章相关知识、经验和操作方法的基础上，要求学生设计并完成欧美系视觉差网页的制作，网页的尺寸与大小自定。

第11章 手机壳展示网页

11.1 应用场景

手机壳主题的展示网页，整体页面以黑灰色为基调映衬产品，以中规中矩的方格子排版形成序列，让访问者一目了然。网页的上半部分是以九个方格子排列的方式陈列产品。每个产品图片都做了一个向右滑动的交互设计，访问者一打开网页就能自动播放，同时设计了商家二维码的显示隐藏效果，当鼠标指针移动到产品方格图上的时候便会显示出商家二维码，鼠标指针移出则之前显示效果消失。如图 11.1 所示为手机壳展示网页。

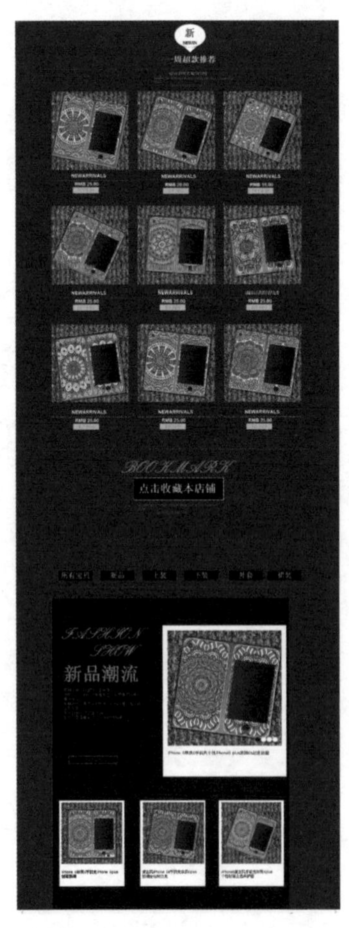

图 11.1　手机壳展示网页

在该手机壳展示网页中设计了多处交互，如图 11.2 所示为单击查看更多部分，该部分为热区，单击随即跳转到下图查看一周超款推荐。如图 11.3 所示为分类菜单，其中制作了一个显示隐藏的交互设计，当鼠标指针落到菜单的选择项目即展示具体产品详情，移出鼠标指针随即消失。如图 11.4 所示为一屏轮播区域，在此给页面做了一个一屏轮播的交互设计。如图 11.5 所示为显示隐藏交互区域，在这三个产品图上分别做了一个标识的显示隐藏，鼠标指针移入显示，移除消失。

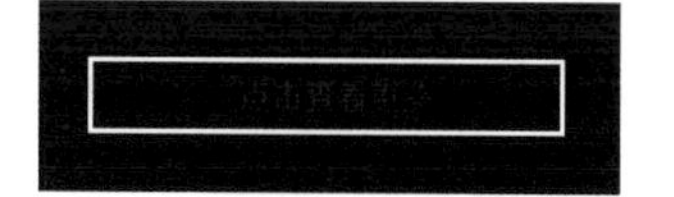

图 11.2　单击查看更多

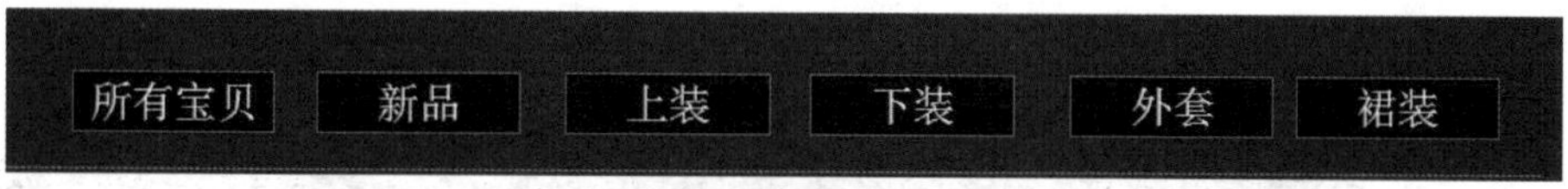

所有宝贝
新品
上装
下装
外套
裙装

图 11.3　分类菜单

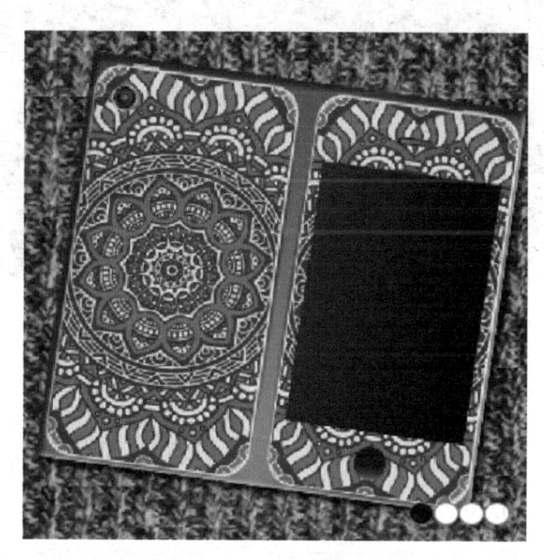

iPhone 6苹果6手机壳个性iPhone 6 Plus防摔6s创意新潮

图 11.4　一屏轮播区域

iPhone 6手机壳个性iPhone 6 Plus
创意新潮
复古风iPhone 6手机壳苹果6 Plus
新潮全包软边壳
iPhone 6复古风手机壳苹果6 Plus
个性创意全包保护套

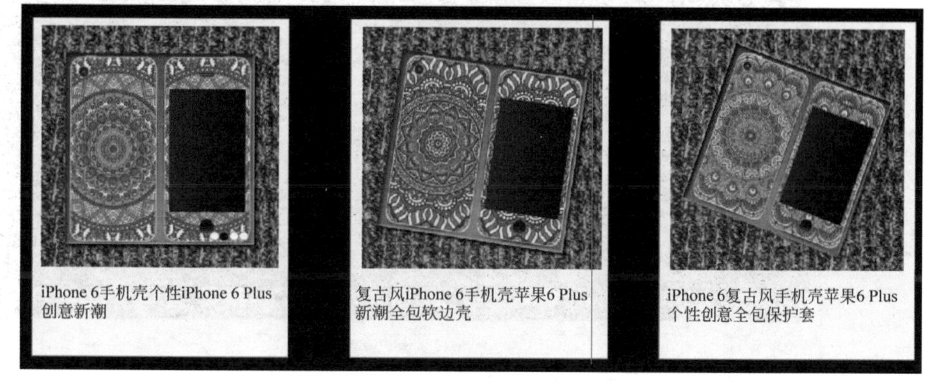

图 11.5　显示隐藏交互区域

11.2 制作过程

本案例讲解图 11.1 的手机壳展示网页的基本设计制作。该网页的设计制作前期主要通过寻找素材和浏览网页来激发灵感，随后勾画草图，使用 Illustrator、Photoshop 等软件制作素材，使用 Axure RP 软件制作网页效果等，相关页面使用到 Axure RP 中的动态面板等内容。

步骤 1：新建空白网页，在设计区域拉出辅助线，单击页面样式区域中的背景颜色，选择深色＃313131 作为网页的背景颜色，形成如图 11.6 所示页面效果。

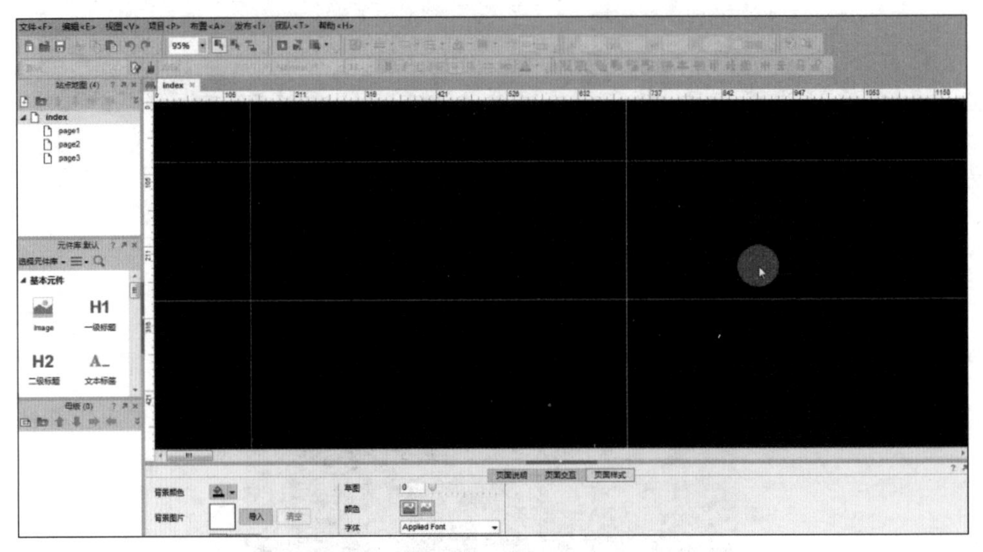

图 11.6　添加辅助线和背景颜色后的效果

步骤 2：在页面中添加椭圆形和三角形元件，将两者组合后再在其上添加文字，形成如图 11.7 所示的页面效果。

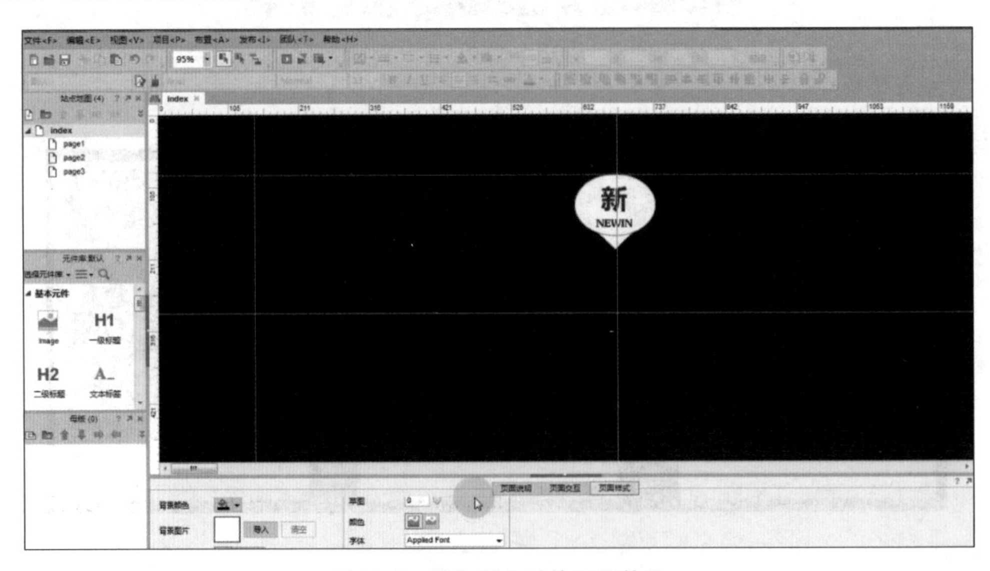

图 11.7　添加图文后的页面效果

步骤 3：在上述页面基础上，继续添加“一周超款推荐”等一行中文文字，NEW STYLE NEW LIFE 等三行英文文字，初步编排，形成如图 11.8 所示的页面效果。

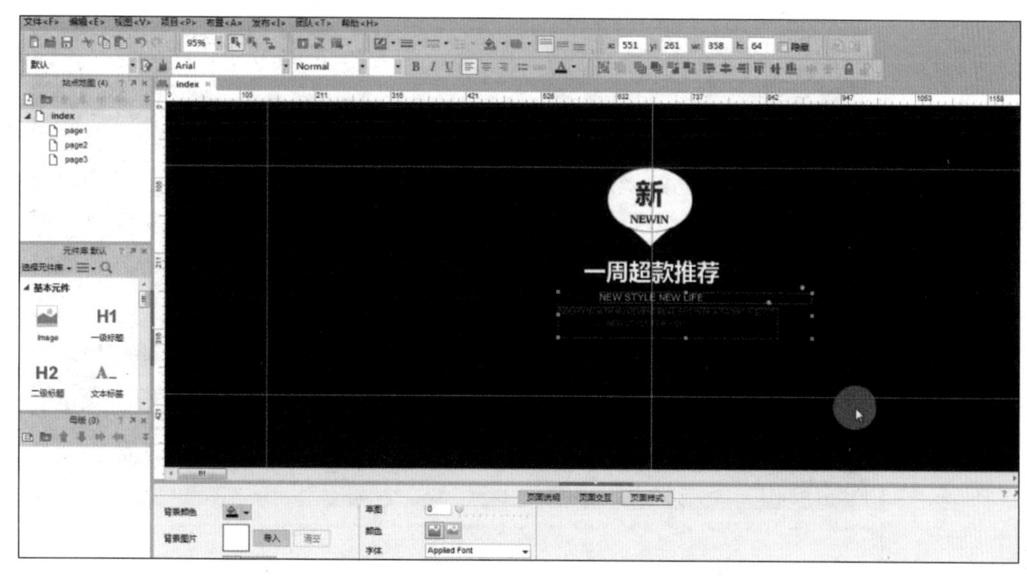

图 11.8　初步编排文字后的页面效果

步骤 4：在其中添加三个图片元件，并以“一周超款推荐”的“超”和“款”两字之间的辅助线为中心线，均匀分布其中。由于载入其中的三张图片均为原始文件，图片较大，因而添加后需要等比例缩放拉伸图片大小。调整后的效果如图 11.9 所示。

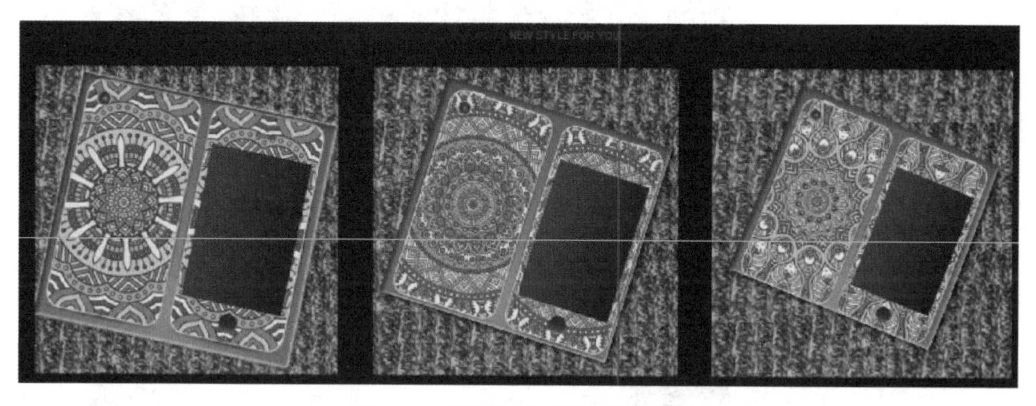

图 11.9　调整图片后的页面效果

步骤 5：依照上述方法，继续添加六张图片（如图 11.10 所示），形成三排九格排列的基本展示布局。

步骤 6：回到添加的第一张图片（左上角），右击后在弹出的快捷菜单中选择“转换为动态面板”命令，将其转换为动态面板继续添加效果。这时双击右边动态面板名称，将其命名为“照片 1”（如图 11.11 所示），并为其复制添加多个状态。使用同样的方法，将三排九格排列的九张图片均转换为动态面板，复制添加多个状态。此时可以看到已有九个动态面板。

图 11.10　添加图片后的页面效果

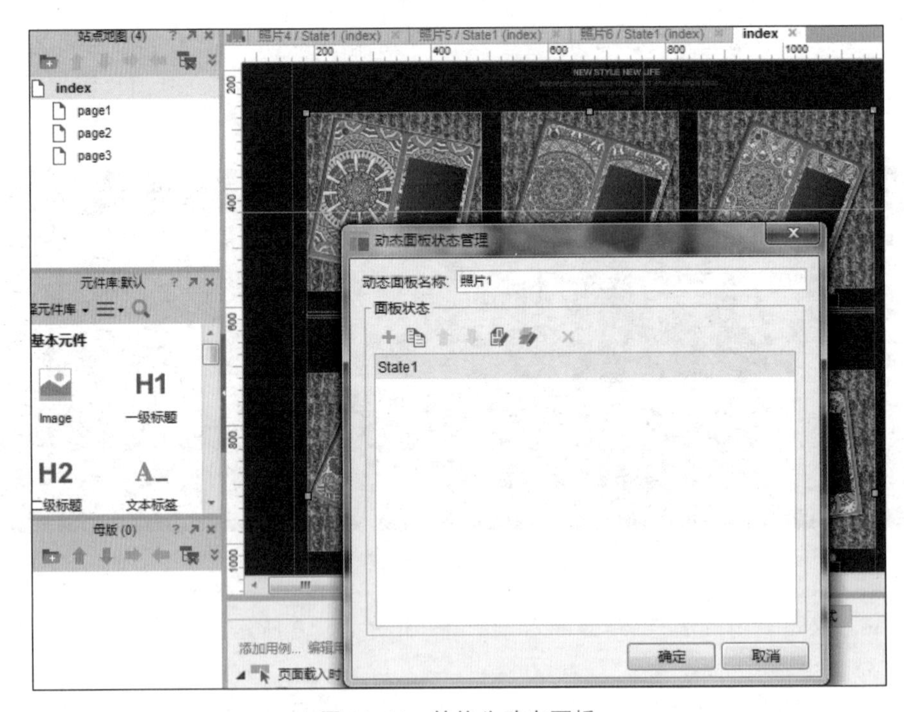

图 11.11　转换为动态面板

步骤 7：为实现九张图自动循环播放的效果，为每一张图添加页码载入时用例，如图 11.12 所示为用例编辑界面，添加“设置面板状态”动作，为九个动态面板都配置动作，动作状态为 Next，向后循环，循环间隔 4000ms；进入动画为“向右滑动”，时间为 500ms，退出动画为“向右滑动”,时间为700ms;推动/拉动元件方向为“下方”。为使每排循环播放的时间错开,可以微调时间参数并预览进一步查看并调整。

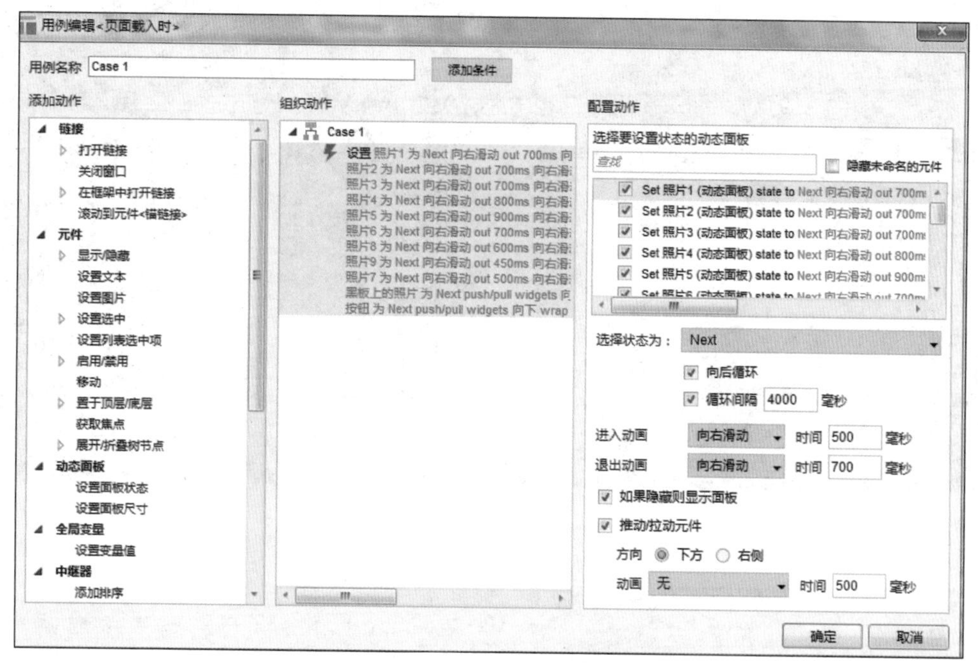

图 11.12　页面载入时用例编辑

步骤 8:根据网页设计需要,在每张图下方添加新到说明、价格标识以及购买按钮等,实现如图 11.13 所示的效果。

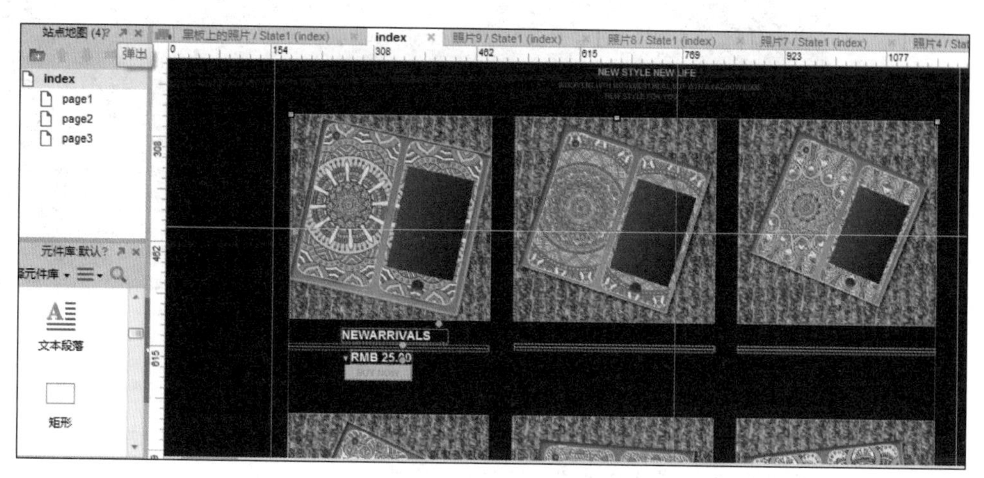

图 11.13　添加新到说明、价格标识以及购买按钮后的页面效果

步骤 9:在上述设计基础上,进一步为所有九张图添加相关标识,如图 11.14 所示为预览效果局部图。

步骤 10:为每张图添加一个标识的显示隐藏效果,实现鼠标指针移入显示,移除消失的效果。首先制作第一张图上的效果,为第一张图添加图片元件,该图片即为对应需要显示或隐藏的二维码图。如图 11.15 所示为添加图片元件后的效果。

图 11.14　预览效果局部图

图 11.15　添加元件后的页面效果

步骤 11：使用鼠标选中该二维码图片，右击，在弹出的快捷菜单中选择“隐藏”命令，将其在当前视图中隐藏起来。隐藏后图片所在的位置以透明层的形式予以显示。依据此方法，将二维码图片复制并放置到其余八张图相应的位置上。

步骤 12：单击选中第一张图的二维码所在区域，在右边交互区域，选择鼠标指针移入时命令，进入鼠标指针移入时用例编辑（如图 11.16 所示）。为其添加显示/隐藏动作，选中所需元件，在“动画”选项中选择“向右滑动”，将“时间”设为 500ms，在“更多选项”中选择“弹出效果”。用同样方法设置好其余图上二维码所在区域效果。

步骤 13：在上述页面下方添加“单击收藏本店铺”等元件后，继续制作下面部分。添加

图 11.16　鼠标指针移入时用例编辑

元件形成如图 11.3 所示的分类菜单。在“所有宝贝”下方依次添加四个矩形元件(命名为 1、2、3、4),并为这些矩形元件添加淡绿的背景色,加上“按新品”“按销量”“按收藏”等文字。

步骤 14:将四个矩形元件编组,并右击,在弹出的快捷菜单中选择当前隐藏。单击“所有宝贝”元件,添加鼠标移入时的交互设计,如图 11.17 所示为鼠标移入时的用例编辑。添加“显示/隐藏”动作,为四个矩形元件分别配置动作,在“动画”选项中选择“向下滑动”,将“时间”设为 500ms,在“更多选项”中选择“弹出效果”。

图 11.17　鼠标移入时用例编辑

步骤 15：经过调试实现当鼠标指针移入“所有宝贝”所在区会显示下拉菜单的效果后，以此方法逐次为其他区域添加下拉菜单效果。随后，在分类菜单下方通过添加图片、文字等元件，实现如图 11.18 所示的效果。

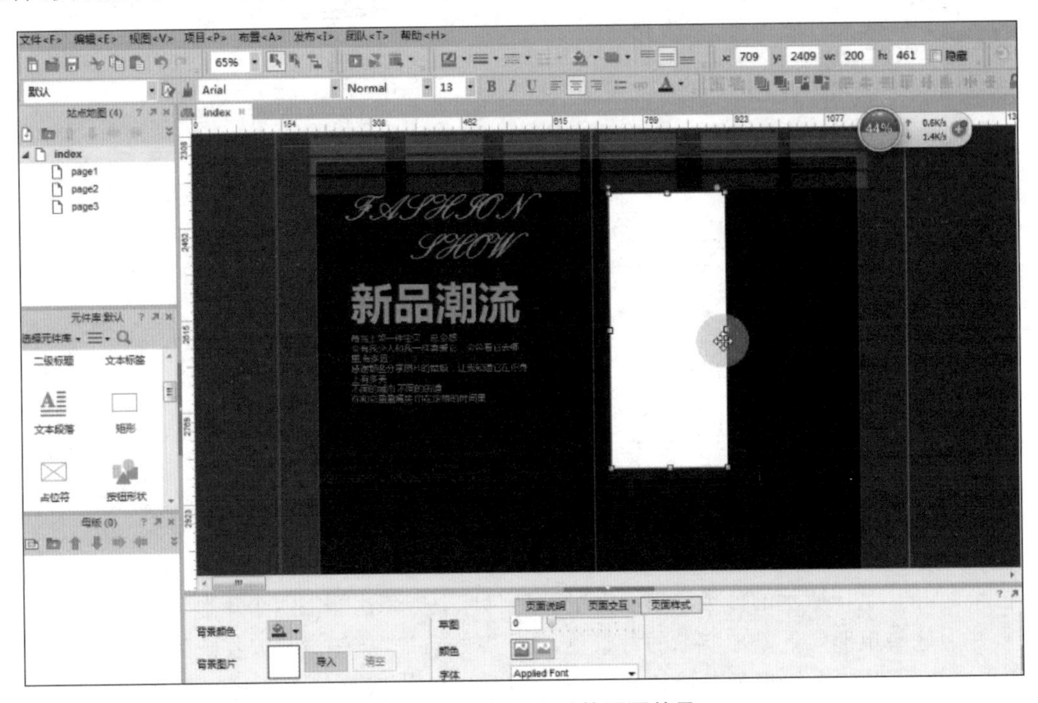

图 11.18　添加图文后的页面效果

步骤 16：下面要在白色矩形区域实现一屏轮播效果。拉伸调整白色矩形区域的大小，为其添加图片元件。如图 11.19 所示为添加图片后的效果。

图 11.19　添加图片后的页面效果

步骤 17：将上述添加的图转换为动态面板，并在动态面板中复制添加三个状态。随后双击动态面板中的状态 2 至状态 4，替换其中的图片，使得该动态面板中的四个状态分别呈现不同的图片效果。

步骤 18：在图 11.19 所示的白色矩形区域添加四个圆点，使得四张图片轮播时四个圆点依次表示轮播的进程状态。圆点可由添加的矩形转换而来，依次添加元件后可编组一体化管理。在此将第一个圆点用黑色表示与其他三个白色圆点予以区分，用以表示第一个为初始播放图片。

步骤 19：将编组后的圆点转换为动态面板。分别为其复制并添加三个状态。随后双击动态面板中的状态 2 至状态 4，调整黑色圆点的位置分别处于第二、第三和第四。

步骤 20：为实现一屏轮播时，四张图片和四个圆点进程图自动播放并能对应。添加页面载入时用例，添加“设置面板状态”动作，为四张图片所在的动态面板配置动作，动作状态为 Next，向后循环，循环间隔 4000ms。如图 11.20 所示为相应的用例编辑。此时因四张图片和四个圆点的动作状态、时间间隔等相同，实现了同步播放。

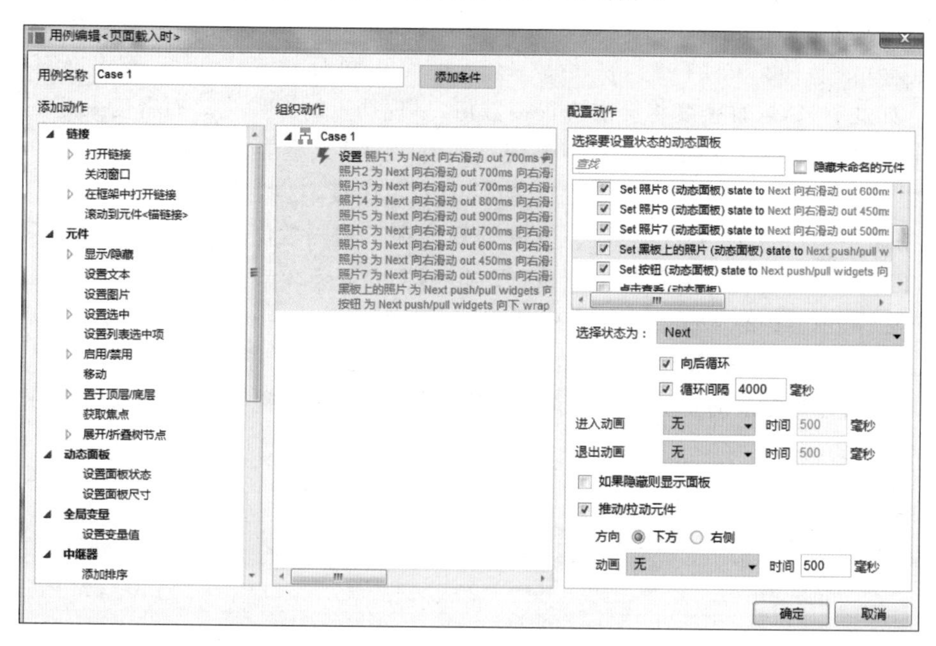

图 11.20　页面载入时用例编辑

步骤 21：如图 11.5 所示的显示/隐藏区域的效果制作可参考上述步骤略作思考，本次不再赘述。总体可考虑，以鼠标移入时用例载入初始为隐藏效果的区域。在此要特别注意，由于制作过程中交互设计较多而导致交互效果多重叠加，同时还要注意特殊字体在整体设计与表现中的效果。

11.3　设计拓展

本案例讲解图 11.1 的手机壳展示网页的基本设计制作，需要灵活使用动态面板实现相关效果。如何解决显示与设计制作不一致的情况，也需要在预览调试中进一步熟悉。为拓展对手机壳展示网页的理解，在此介绍移动端尺寸相关的内容。下面有分辨率、屏幕大小等移动设备屏幕方面的内容需要了解。

(1) 分辨率。分辨率就是手机屏幕的像素点数，一般描述成屏幕的"宽×高"。安卓手机屏幕常见的分辨率有480px×800px、720px×1280px、1080px×1920px等。720px×1280px表示此屏幕在宽度方向有720像素，在高度方向有1280像素。

(2) 屏幕大小。屏幕大小是手机对角线的物理尺寸，以英寸(inch)为单位比如某手机为"5寸大屏手机"，就是指对角线的尺寸，"5寸"即"5英寸"，1英寸＝2.54厘米，5英寸＝12.7厘米。

(3) 密度(dots per inch，dpi或pixels per inch，ppi)。顾名思义，密度就是每英寸的像素点数，数值越高显示越细腻。例如一部手机的分辨率是1080px×1920px，屏幕大小是5英寸，根据勾股定理，可以得出对角线的像素数大约是2203px，那么用2203px除以5就是此屏幕的密度了，计算结果是440(取整数部分)dpi，440dpi的屏幕就已经相当细腻了。

(4) 实际密度与系统密度。实际密度就是自行计算所得的密度，这个密度代表了屏幕真实的细腻程度，如上述例子中的440dpi就是实际密度，说明这块屏幕每英寸有440像素。5英寸1080px×1920px的屏幕密度是440dpi，而相同分辨率的4.5英寸屏幕密度是490dpi。如此看来，屏幕密度将会出现很多数值，呈现严重的碎片化。而密度又是安卓屏幕将界面进行缩放显示的依据，那么安卓系统是如何匹配这么多屏幕的呢？

其实，每部安卓手机的屏幕都有一个初始的固定密度，这些数值是120、160、240、320、480dpi，在此权且称其为"系统密度"。其中的规律在于相隔数值之间是两倍的关系。一般情况下，240px×320px的屏幕是低密度120dpi，即ldpi；320px×480px的屏幕是中密度160dpi，即mdpi；480px×800px的屏幕是高密度240dpi，即hdpi；720px×1280px的屏幕是超高密度320dpi，即xhdpi；1080px×1920px的屏幕是超超高密度480dpi，即xxhdpi。安卓对界面元素进行缩放的比例依据正是系统密度，而不是实际密度。如表11.1所示为密度与分辨率情况。

表11.1 密度与分辨率

密　　度	密度值/dpi	代表分辨率/px
ldpi	120	240×320
mdpi	160	320×480
hdpi	240	480×800
xhdpi	320	720×1280
xxhdpi	480	1080×1920

(5) 一个重要的单位dp。dp也可写为dip(density-independent pixel)。在此可以想象dp更类似于一个物理尺寸，例如一张宽和高均为100dp的图片在320px×480px和480px×800px的手机上看起来一样大，而实际上，它们的像素值并不一样。dp正是这样一个尺，不管这个屏幕的密度是多少，屏幕上相同dp的元素看起来始终差不多大。

另外，文字尺寸使用sp(seale-independentpixel)，这样，当用户在系统设置里调节字号大小时，应用中的文字也会随之变大变小。

(6) dp 与 px 的转换。在安卓手机中，系统密度为 160dpi 的中密度手机屏幕为基准屏幕，即 320px×480px 的手机屏幕。在这个屏幕中，1dp＝lpx。100dp 在 320px×480px(mdpi，160dpi)中是 100px。那么 100dp 在 480px×800px(hdpi，240dpi)的手机上是多少 px 呢？根据常识知道 100dp 在两部手机上看起来差不多大，根据 160 与 240 的比例关系，在此可以知道，在 480px×800px 中，100dp 实际覆盖了 150px。因此，如果为 mdpi 手机提供了一张 100px 的图片，这张图片在 hdpi 手机上就会被拉伸至 150px，但实际上都是 100dp。

中密度和高密度的缩放比例似乎可以不通过 160dpi 和 240dpi 计算，而通过 320px 和 480px 算出。但是按照宽度计算缩放比例就不适用于超高密度 xhdpi 和 xxhdpi 了。即 720px×1280px 中 1dp 是多少 px 呢？如果用 720/320，计算会得出 1dp＝2.25px，实际上这样算出来是不对的。dp 与 px 的换算要以系统密度为准，720px×1280px 的系统密度为 320，320px×480px 的系统密度为 160，320/160＝2，那么在 720px×1280px 中，1dp＝2px。同理，在 1080px×1920px 中，1dp＝3px。ldpi：mdpi：hdpi：xhdpi：xxhdpi＝3：4：6：8：12，在此可以发现，相隔数字之间还是 2 倍的关系。计算时以 mdpi 为基准。比如在 720px×1280px(xhdpi)中，1dp 等于多少 px 呢？mdpi 是 4，xhdpi 是 8，两者是 2 倍的关系，即 1dp＝2px，逆向计算更重要，比如用 Photoshop 在 720px×1280px 的画布中制作了界面效果图，两个元素的间距是 20px，那要标注多少 dp 呢？那就是 10dp。

当安卓系统字号设为“普通”时，sp 与 px 的尺寸换算和 dp 是一样的。比如某个文字大小在 720px×1280px 的 Photoshop 画布中是 24px，那么这个文字大小是 12sp。

(7) 建议在 xhdpi 中作图。安卓手机有这么多种屏幕，到底依据哪种屏幕作图呢？没有必要为不同密度的手机都提供一套素材，大部分情况下，一套就够了。

现在手机分辨率比较高的是 1080px×1920px，可以选择这个尺寸作图，但是图片素材将会增大应用安装包的大小，并且尺寸越大的图片占用的内存也就越高。如果不是设计 ROM，而是做一款应用，建议用 Photoshop 在 720px×1280px 的画布中作图。这个尺寸兼顾了美观性、经济性和计算的简单性。美观性是指，以尺寸做出来的应用，在 720px×1280px 中显示完美，在 1080px×1920px 中看起来也比较清晰；经济性是指，这个分辨率下导出的图片尺寸适中，内存消耗不会过高，并且图片文件大小适中，安装包也不会过大。

(8) 屏幕的宽高差异。在 720px×1280px 中作图，要考虑向下兼容不同的屏幕。通过实际的计算可以得知，320px×480px 和 480px×800px 的屏幕宽度都是 320dp，而 720px×1280px 和 1080px×1920px 的屏幕宽度都是 360dp。它们之间有 40dp 的差距，这 40dp 在设计中影响还是很大的。在实际例子中可以发现一个现象，图片距离屏幕的左右边距在 320dp 宽的屏幕中和 360dp 宽的屏幕中就不一样。

高度上的差异更加明显。对于天气等工具类应用，由于界面一般是独占式的，更要考虑屏幕之间的比例差异。消除这些比例差异可以通过添加布局文件来实现。一般情况下，布局文件放在 layout 文件夹中，如果要单独对 360dp 的屏幕进行调整，可以单做一个布局文件放在 layout-w360dp 中。不过，最好是默认针对 360dp 的屏幕布局(较为主流)，然后对 320dp 的屏幕单独布局，将布局文件放到 layout-w320dp 中；如果想对某个特殊的分辨率进行调整，可以将布局文件放在标有分辨率的文件夹中，如 layout-854×480。

(9) 几个资源的文件夹。在 720px×1280px 中作了图，要让开发人员放到 drawable-xhdp 的资源文件夹中，这样才可以显示正确。仅提供一套素材就可以了，可以测试一下在低端手机上运行是否流畅,如果卡顿,可以根据需要提供部分 mdpi 的图片素材,因为 xhdpi 中的图片运行在 mdpi 的手机上会比较占内存。

以应用图标为例,xhdpi 中的图标大小是 96px,如果要单独给 mdpi 提供图标,那么这个图标大小是 48px,放到 drawable-mdpi 的资源文件夹中。各个资源文件夹中的图片尺寸同样符合 ldpi∶mdpi∶hdpi∶xhdpi∶xxhdpi=3∶4∶6∶8∶12 的规律。

11.4 设计作业

在掌握本章相关知识、经验和操作方法的基础上,要求学生设计并完成手机壳展示网页的制作,网页的尺寸与大小自定。

第12章 个人摄影作品网页

12.1 应用场景

个人摄影作品网页主要展示个人摄影作品，其主题为ONTHEROOFS。所有图片都是在高楼拍摄，包括CITYWALK(城市漫游)、ROOFTOPPER(爬楼党)两个分主题。首页为宽屏大图滚屏切换展示，占据整个屏幕大小的图片设计符合现在的审美观。如图12.1所示为个人摄影作品网页效果图。在CITYWALK分主题中，单击图片可以在中央区域出现大图，再次单击则退出大图模式。如图12.2所示为CITYWALK分主题效果图。在ROOFTOPPER分主题中，则主要是创意拍摄作品，以小图模式显示。

图12.1 个人摄影作品网页

图12.2 CITYWALK分主题效果图

12.2 制作过程

本案例讲解 ONTHEROOFS 的个人摄影作品网页的基本设计制作。该网页的设计制作前期主要通过寻找素材和浏览网页来激发灵感，随后勾画草图，使用 Illustrator、Photoshop 等软件制作素材，使用 Axure RP 软件制作网页效果等，相关页面使用到 Axure RP 中的动态面板等内容。

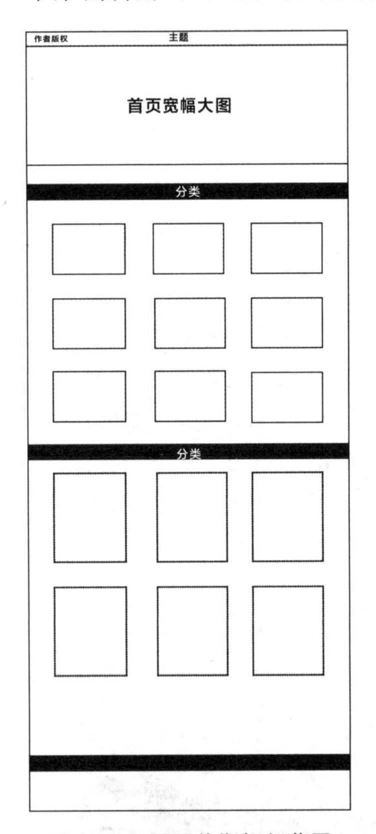

图 12.3 网页前期框架草图

步骤 1：整个网页设计简洁明了，以展示个人摄影作品为主，动态效果集中体现在单击图片显示时。如图 12.3 所示为网页前期框架草图。参照该框架草图进行整体设计制作。

步骤 2：在新建页面中，添加矩形元件，调整其宽度和高度（w：1366，h：40）。在该区域下方添加首页宽幅大图，调整其宽度和高度，使图宽度与上面的矩形持平，高度则根据载入的图片大小加以调整（w：1366，h：602）。

步骤 3：将该大图转换为动态面板，并为其复制添加四个状态。分别双击进入这些状态，替换为合适的大图，保证五个状态的图各不相同。

步骤 4：在大图右下角添加由多圆点组成的进程状态。圆点由矩形元件转换而来，注意将第一个圆点颜色设置与其他几个不同，以表示当前显示大图的位序情况。如图 12.4 所示为添加多圆点进程状态后的效果。

图 12.4 添加多圆点进程状态效果

步骤 5：将该多圆点编组形成的图转换为动态面板，并为其复制添加四个状态。分别双击进入这些状态，调整其中黑色圆点的位置，保证黑色圆点位置与展示大图的次序保持一致。

步骤 6：在大图左右两边分别添加长条矩形以及向后翻看和向前翻看的文字，文字分别是 NEXT 与 PREV。其字体均为 Impact，字号 28。效果如图 12.5 所示。

图 12.5　添加文字后的页面效果

步骤 7：选中 PREV 文字区域，为其添加鼠标单击时用例，添加设置面板状态动作，为首页大图配置动作，其选择状态为 Previous，进入动画和退出动画均为向左滑动，时间为 500ms。如图 12.6 所示为鼠标单击 PREV 文字区域时的用例编辑。同时不要忘记为圆点进程状态同步设置向左滑动的效果。

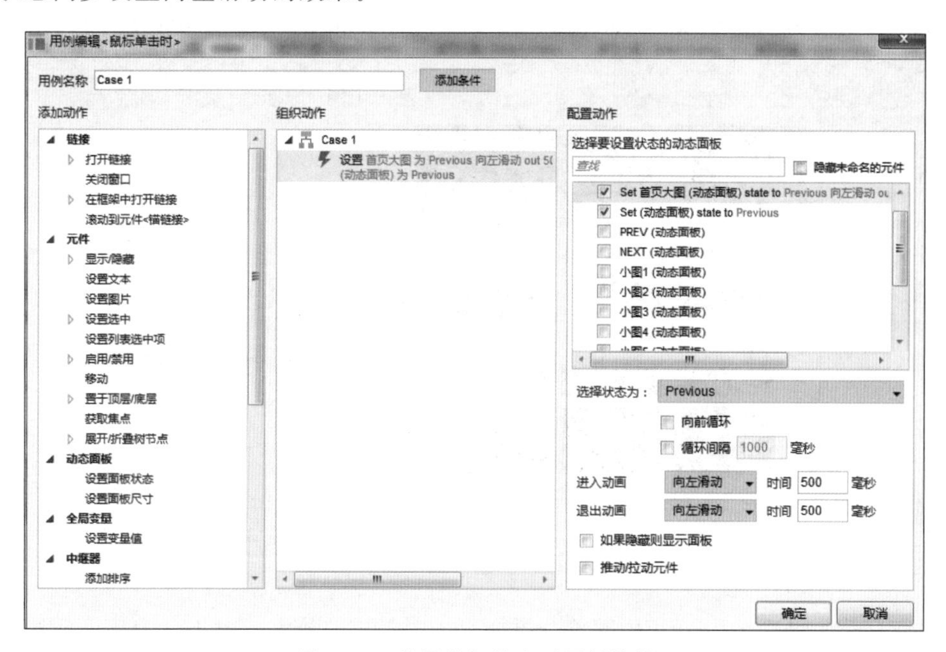

图 12.6　使用鼠标单击时用例编辑

步骤 8：使用同样方法，设置 Next 文字区域的效果，注意大图和圆点进程状态均选择 Next 即可。

步骤 9：继续添加九张图片，编排形成如图 12.7 所示的效果图。随后为其添加单击图片打开大图，再单击退回小图的效果。

图 12.7　添加图片后的页面效果

步骤 10：在此以热区的形式实现效果。首先为第一张图添加一个热区，如图 12.8 所示第一张图上的透明层即为添加的热区效果。

图 12.8　添加热区效果

步骤 11：在如图 12.9 所示中间部分添加第一图对应的放大图效果。为保证后续八张图对应的放大图的显示位置与此相同，可以添加复制线。将放大图转换为动态面板，并加以隐藏。

图 12.9　添加放大图效果

步骤 12：单击第一张图上的热区，添加鼠标单击时用例，添加显示/隐藏动作，选中放大图对应的动态面板，配置其为灯箱效果展示。如图 12.10 所示为鼠标单击时用例编辑。

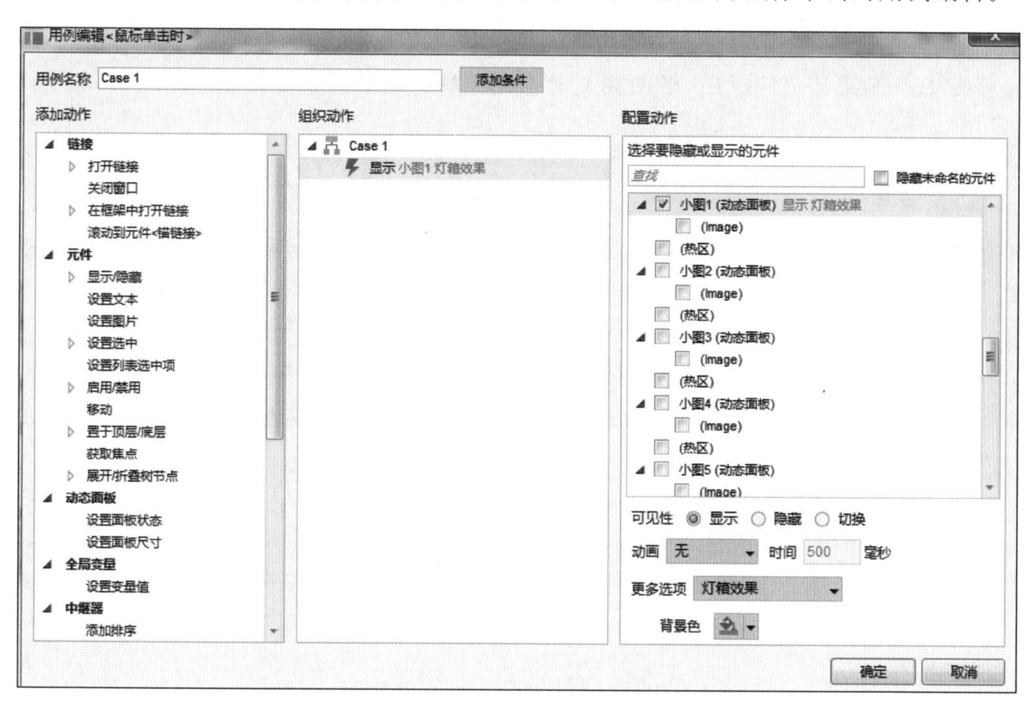

图 12.10　使用鼠标单击时用例编辑

步骤 13：预览展示网页效果无误后，可据此方法为其他八张图添加相同效果。然后整体预览测试效果，若能实现单击图出现放大图，再单击放大图消失的灯箱效果，则表示设置成功。

步骤 14：后续的工作主要是添加图文，增添网页整体修饰效果。在步骤 2 实现的矩形元件中添加网页主题 ONTHEROOFS 和图片所有人名字，设置恰当的字体和字号等效果。继续添加后续图片，实现图文编排效果如图 12.11 所示。

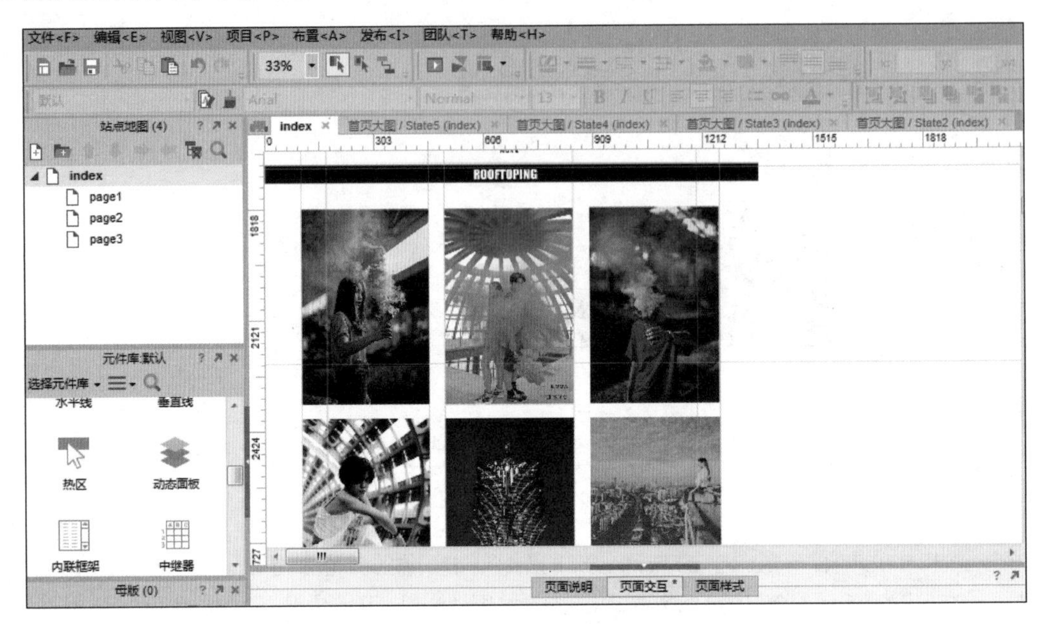

图 12.11　图文编排效果

步骤 15：结果预览测试后，微调相关设置优化最终展示效果即可。

12.3　设计拓展

本案例讲解 ONTHEROOFS 个人摄影作品网页的基本设计制作，其中灵活使用动态面板实现相关效果。如何解决显示与设计制作不一致的情况，也需要在预览调试中进一步熟悉。为加深读者对个人摄影作品展示网页的理解，在此介绍移动端导航相关的内容。

从杜威十进制分类法到动物界的门纲目科属，庞大的信息通常会被分门别类加以管理，在此就称为层级结构。层级结构模型是人们容易理解的分类结构模型，层级结构导航也是 App 中常用的导航模型之一。

(1) 列表式导航。

列表式导航中的每一个列表项（iOS 设计指南中为表格视图）都是进入子功能的入口，用户在每个页面选择一次导航，直至到达目标位置，并且模块之间的切换必须返回至列表主页当中。列表相当于一个一行一列的表格，列表项中既可以填充文字图片，也可以填充按钮或者展开某一项。

列表中可以填充更多的列表项，以扩展有限的屏幕空间上能够容纳的入口数量，可以用来展示信息记录、联系人列表等某一类别下的列表项记录。列表式导航也是最常见的导航方式之一，更多被用来做次级导航，多用在个人中心、设置、内容/信息列表中。

(2) 宫格式导航（跳板式导航）。

宫格式导航可以看作列表式导航的变形，同样属于层级结构导航，不同于列表式导航的地方在于宫格式导航是以 N 行 N 列的表格来呈现，同时表格中元素以图片为主。宫格中一个格子代表一个功能/模块入口,从一个模块到另一个模块,用户必须原路返回几步(或者从头开始),然后做出不同的选择。宫格式导航曾经在 App 非常流行,主要是因为它能容纳更多的功能入口,同时可以跨平台,不受平台限制。

当前,很少有产品会用宫格式导航做主导航,主要是利用宫格式导航的扩展功能来做次级导航,与标签式导航以及其他类型的导航模式共同构成整个应用的导航系统。

12.4 设计作业

在掌握本章相关知识、经验和操作方法的基础上,要求学生以小组为单位,自行选择素材、题材并完成影视作品主题网站设计,提升学生的实践能力、创新能力与团队合作能力。

第13章 宫崎骏电影文化展示网页

13.1 应 用 场 景

宫崎骏电影文化展示网页主要展示相关动画主题作品。设计制作流程主要分为四个阶段：第一阶段主要是进行小组讨论，确定设计主题；第二阶段主要是绘制网页结构图，绘制出相应的草图；第三阶段主要是根据需求找寻素材，制作好图片备用；第四阶段主要是根据场景设计需要，添加动态效果，完成整个动画作品展示网页的设计制作。如图 13.1 所示为宫崎骏电影文化展示网页的效果图。

图 13.1 宫崎骏电影文化展示网页

13.2 制作过程

本案例讲解宫崎骏电影文化展示网页的基本设计制作。该网页的设计制作前期主要通过寻找素材和浏览网页来激发灵感，随后勾画草图，使用 Illustrator、Photoshop 等软件制作素材，使用 Axure RP 软件制作网页效果等，相关页面使用到 Axure RP 中的动态面板等内容。

步骤 1：在小组讨论确定设计主题后，绘制网页结构设计草图。如图 13.2 所示为手绘草图。

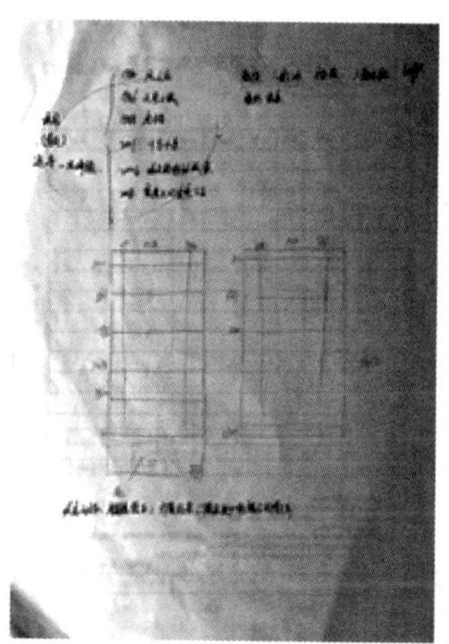
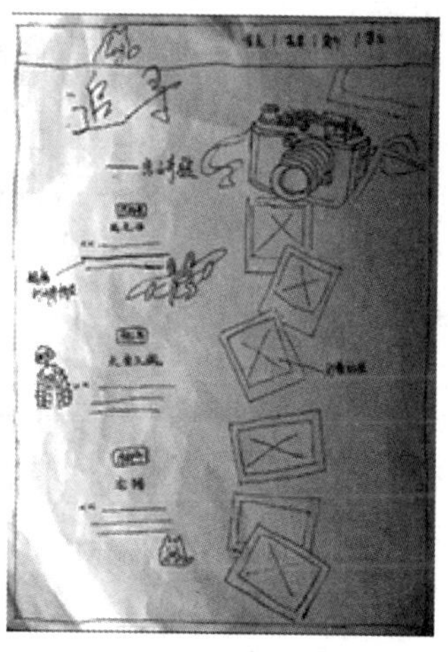

图 13.2　手绘草图

步骤 2：设计准备好所需素材，导入 Axure RP 软件中整体排版。如图 13.3 所示为软件排版效果。显然该网页采用长版形式整体展示各时期的动画作品情况。

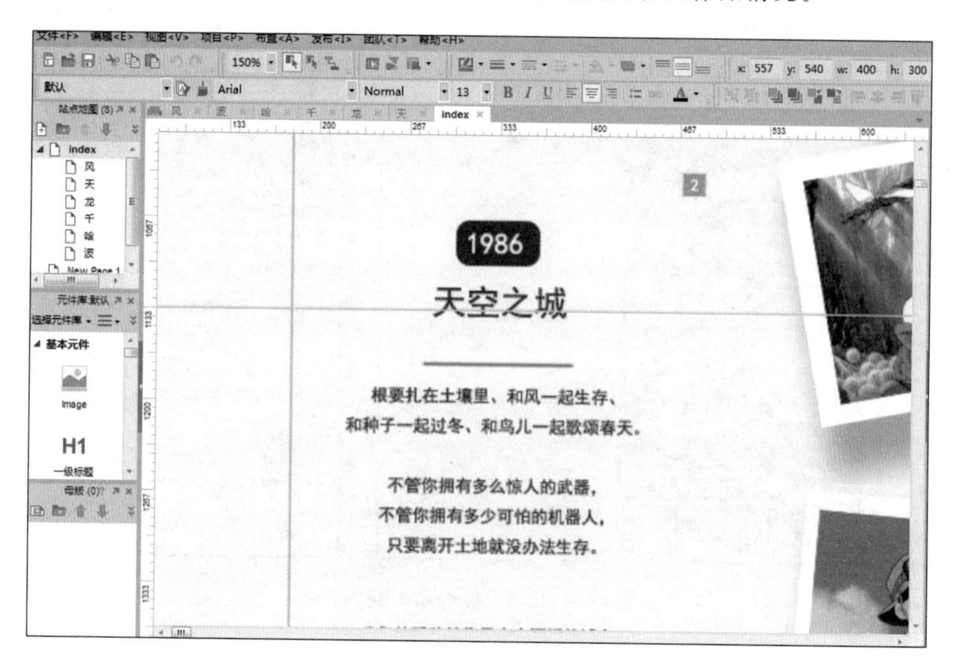

图 13.3　软件排版效果

步骤 3：选中年份及动画作品名所在的元件，在软件右侧创建“鼠标单击时”用例，实现单击年份及动画作品名所在图是打开对应的网页效果。如图 13.4 所示为添加“鼠标单击时”用例情况。

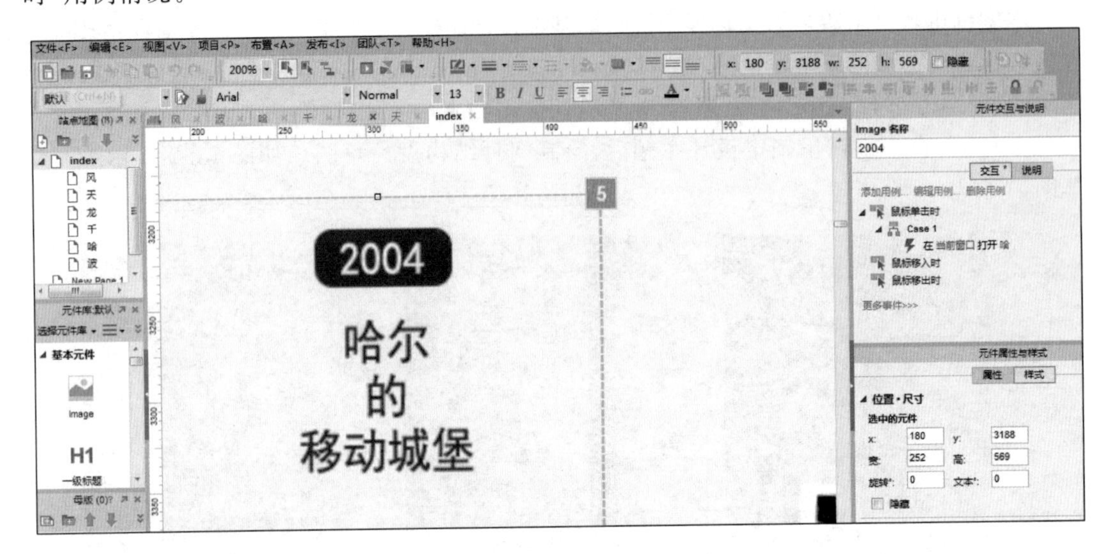

图 13.4　添加“鼠标单击时”用例

步骤 4：按照上一步操作为每一个年份及动画作品名所在的元件添加相应的鼠标单击用例事件，实现各自被单击时打开相应网页的效果。

步骤 5：进入上一步中单击打开的相应网页，在其中设计制作相应的返回效果。如图 13.5 所示为添加“鼠标单击时”用例，实现单击鼠标返回首页。同样，据此方法完成所有相应网页中的返回效果设计。

图 13.5　添加“鼠标单击时”用例

步骤 6：添加如图 13.6 所示的页面载入时用例。具体制作方法已在前面几个案例有所讲解，可参考前面案例方法。主要思路也即创建两个动态面板，一个是大图，另一个是与大图对应的标识点，在页面载入时一起自动向后循环播放。

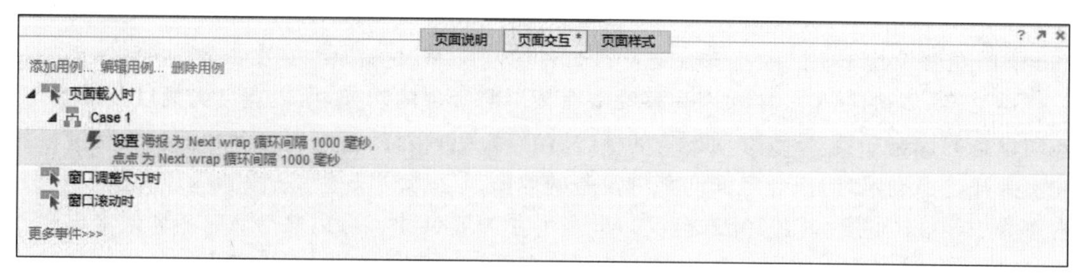

图 13.6　设计自动轮播的区域

步骤 7：整体调试网页效果，为网页中的图片添加灯箱效果，灯箱效果即为单击一次显示大图，再单击一次变为原始状态，前面案例已有具体说明。形成如图 13.7 所示的整体效果布局。

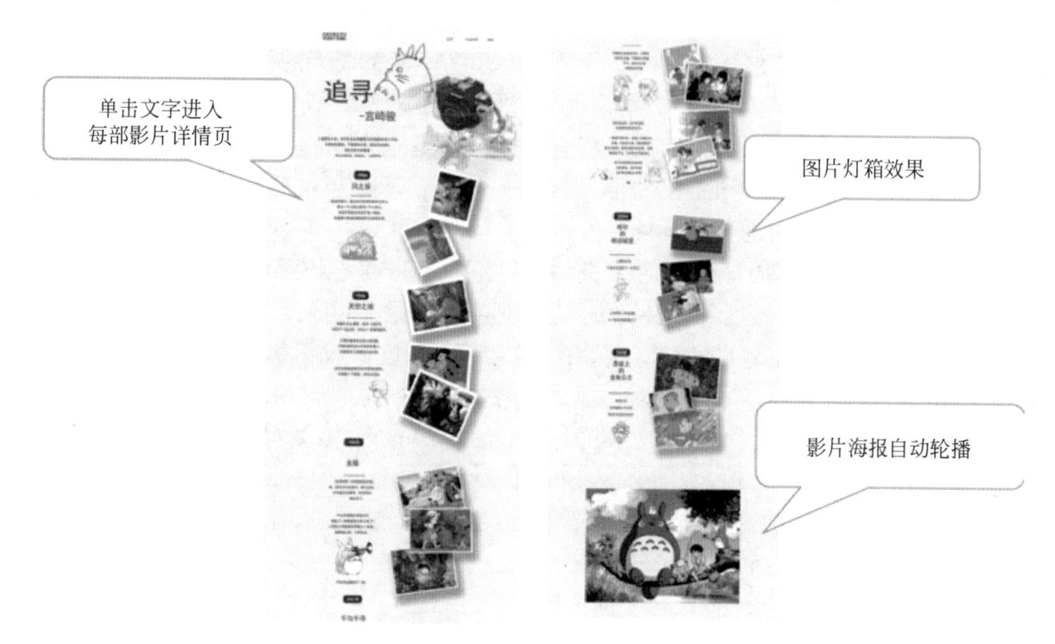

图 13.7　整体效果布局

13.3　设计拓展

本案例讲解宫崎骏电影文化展示网页的基本设计制作，需要灵活使用动态面板实现相关效果。如何解决显示与设计制作不一致的情况，也需要在预览调试中进一步熟悉。为拓展对电影文化展示网页的理解，在此介绍 Axure RP 设备尺寸自适应相关的内容。

（1）不同设备的原型尺寸。

随着计算机屏幕分辨率的提升，Web 端原型的尺寸也在改变。另外，随着各种移动设备的出现，原型不再仅仅面向 Web 端，如何在移动端的多种设备上浏览原型，以及原型的尺寸如何设置，成为了新的问题。首先讲 Web 端的原型尺寸。因为 Web 端高度不固定，所以这里只讲宽度。早些时候，计算机屏幕的分辨率宽度一般是 1024px，所以 Web 端原型的尺寸一般采用 960px 的宽度。但是，现在屏幕分辨率宽度基本在 1280px 以上，显然再用 960px 的宽度设计原型已经不太合适，所以，目前建议 Web 端原型宽度设置为 1200px。

再说移动端的原型尺寸。因为移动端有横屏与竖屏的切换，所以宽度与高度均需确定。移动设备的快速发展，导致移动设备的屏幕分辨率多种多样，甚至同样分辨率的设备屏幕尺寸不一样。那么，如何来确定面向某种设备的原型尺寸呢？以小米 4 手机为例，这款手机分辨率为 1080px(宽度)×1920px(高度)，屏幕尺寸为 5 英寸。再以联想 Y700 笔记本电脑为例，其屏幕分辨率为 1920px(宽度)×1080px(高度)，屏幕尺寸为 15.6 英寸。

通过对比，可以发现小米 4 手机的横屏分辨率和联想 Y700 笔记本电脑的分辨率是一样的。那么，小米 4 手机屏幕上有一个图标，Y700 笔记本电脑上也有一个图标，如果这两个图标在视觉上大小相同，它们的实际大小(px)一样吗？如果笔记本电脑上的图标尺寸为 100px×100px，手机上的尺寸大概是多少呢？其实，答案很简单。把手机横过来，在笔记本电脑屏幕上比较一下，电脑屏幕的宽度与高度基本上是手机的 3 倍。那么，也就是说电脑上尺寸为 100px×100px 的图标视觉尺寸，与手机上 300px×300px 的图标视觉尺寸是趋近相同的。换句话说，在同样物理尺寸的条件下，手机屏幕上的像素点数量大约是电脑屏幕上像素点数量的 9 倍。这是一个关于密度的概念。既然清楚这个对应关系，我们就能够知道在笔记本电脑屏幕上制作小米 4 手机的原型屏幕尺寸为：竖屏 360px×640px，横屏 640px×360px，即水平与垂直方向的数值均除以 3。

不过，上面的例子是以 5 英寸的手机举例，如果是 6 英寸的手机，屏幕分辨率同样为 1080px(宽度)×1920px(高度)时，原型的尺寸就可能会发生变化。就目前的情况来，一般手机屏幕分辨的尺寸是原型尺寸的 3 倍、2.5 倍、2 倍，有极少数手机是 2.75 倍。以一些手机的竖屏尺寸为例，安卓手机是 360px×640px，苹果手机是 320px×568px(iPhone 5)、375px×667px(iPhone 6)、414px×736px(iPhone 6 Plus)。需要特别说明的是，iPhone6 Plus 的物理分辨率为 1080px×1920px，但输出分辨率为 1242px×2208px。也就是说 iPhone 6 Plus 手机全屏截图得到的图片尺寸为 1242px×2208px，而不是 1080px×1920px，所以需要以输出分辨率去推算原型尺寸。

(2) 创建不同设备的视图。

在导航菜单“项目”的选项列表中，单击选项“自适应视图”，在打开的窗口中，就可以设置支持各种原型尺寸的视图。默认情况下，会有一个基本视图，在没有与设备尺寸相匹配的视图时，将会显示基本视图。基本视图无须做任何设置，如果填写宽度和高度，只是在画布中出现相应的辅助线，而不会与该尺寸的设备相适应。单击窗口中的“+”按钮可以添加新的视图，新的视图需要填写视图的名称、宽度和高度(可省略)。

每种新加的视图都需要继承自基本视图或其他视图。在此可以把被继承的视图称为父视图，把继承于父视图的视图称为子视图。在编辑视图内容时，默认情况下，编辑父视图内容，子视图会同步改变，而编辑子视图内容时，父视图不会有任何改变。但是，在编辑父视图内容的时候，如果子视图相应的内容已经发生改变，则对父视图的编辑不会再影响到子视图。

13.4 设计作业

在掌握本章相关知识、经验和操作方法的基础上，要求学生以小组为单位，自行选择素材、题材并完成影视文化主题网站设计，提升学生的实践能力、创新能力与团队合作能力。

第14章　美食类移动网站

14.1　应用场景

美食类移动网站主要以手机等移动设备展示相关美食。该类网站给用户带来美食的视觉享受，有的还有专门的视频介绍。美食类移动网站的设计制作流程主要分为四个阶段：第一阶段是进行小组讨论，确定设计主题；第二阶段是绘制网页结构图，绘制出相应的草图；第三阶段是根据需求找寻素材，制作好图片备用；第四阶段是根据场景设计需要，添加动态效果，完成整个美食移动网站的设计制作。如图14.1所示为美食类移动网站的效果图。

图14.1　美食类移动网站

14.2　制作过程

本案例讲解图14.1的美食类移动网站的基本设计制作。该网页的设计制作前期主要通过寻找素材和浏览网页来激发灵感，随后勾画草图，使用Illustrator、Photoshop等软件制作素材，使用 Axure RP 软件制作网页效果等，相关页面使用到 Axure RP 中的动态面板等内容。

步骤 1：在小组讨论确定设计主题后，绘制网页结构设计草图。新建母版继而搭建好模板中的基本框架，并在左下角母版区域，右击新母版 1，在弹出的快捷菜单中选择“添加到页面中”（如图 14.2 所示），并选择所需添加的页面（如图 14.3 所示）。

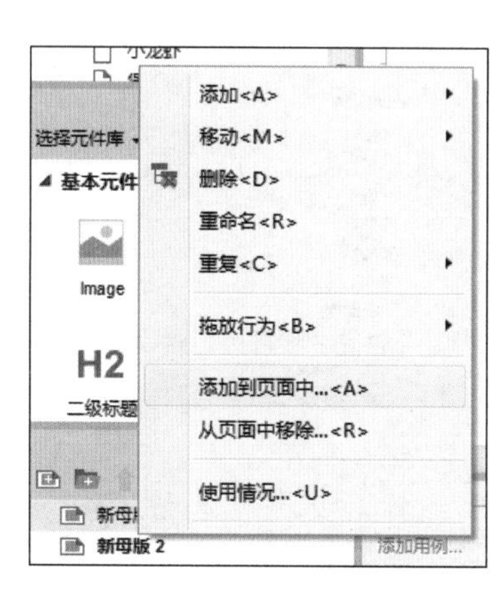

图 14.2 由母版添加到页面中

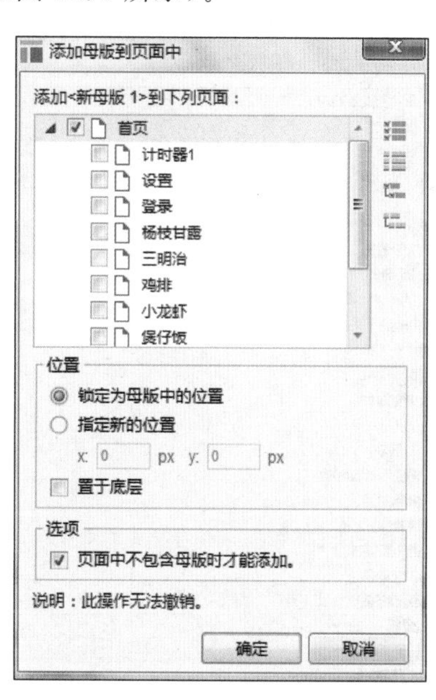

图 14.3 添加母版到页面中

步骤 2：在上述框架中添加所需展示的图片元件，当前若是需要展示较多的图片，一般以鼠标实现框架中图片向上滚动展示的效果。这时可以通过添加“拖动时间”用例，添加“移动”动作，为相应元件配置“垂直滚动”的效果，以实现如图 14.4 所示的效果。

图 14.4 展示效果情况

步骤3：执行上一步预览效果时可以发现，一直往上滚动展示图片到最后一张图片后还会继续往上翻滚，以至于空白内容也显示出来，需要在此以添加用例来消除这个问题。如图14.5所示为添加“拖动结束时”用例情况。为网页添加“拖动结束时”用例，添加“移动”动作，为相应元件配置“回到拖放前位置”的动作，保证显示回到初始状态同时不显示空白内容。

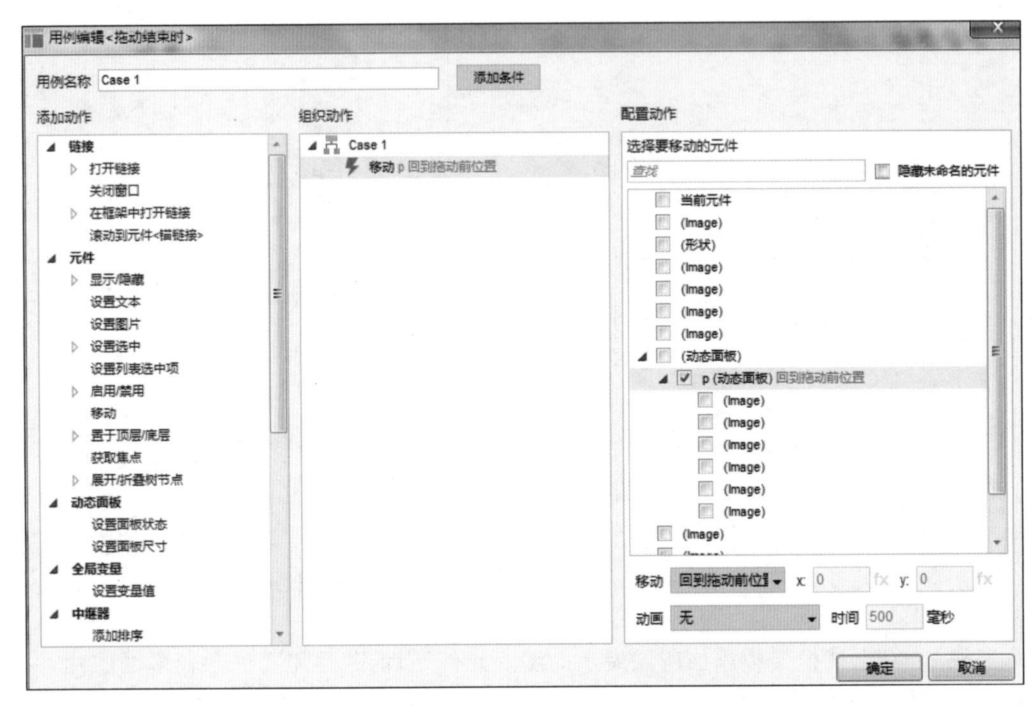

图14.5　添加“拖动结束时”用例

步骤4：随后为导航区添加修饰，使当前显示的页面与深色显示的导航按钮区域对应起来，如图14.6所示，左右两边分别为添加与未添加修饰的导航区域显示情况。同样方法，保证所有页面都具有如此展示效果。

图14.6　添加与未添加修饰的导航区域显示情况

步骤5：添加相关图文等元件，实现相关网页效果并在相应的导航区域为按钮添加跳转功能。如图14.7所示为添加“鼠标单击时”用例情况。按照如图所示方法，添加“打开链接”动作，配置相对应的打开页面动作。

步骤6：单击首页向下滚动展示的图片可以跳转展示具体菜式页面，进入如图14.8所示的展示页面。进而单击展示页面中间的三角形按钮，可以查看到具体菜式的视频内容。

上述展示页面左上角有一个返回箭头，单击可以回到前一页面。制作方式即为添加“鼠标单击时”用例，为其添加对应页面的跳转。

图 14.7　添加“鼠标单击时”用例

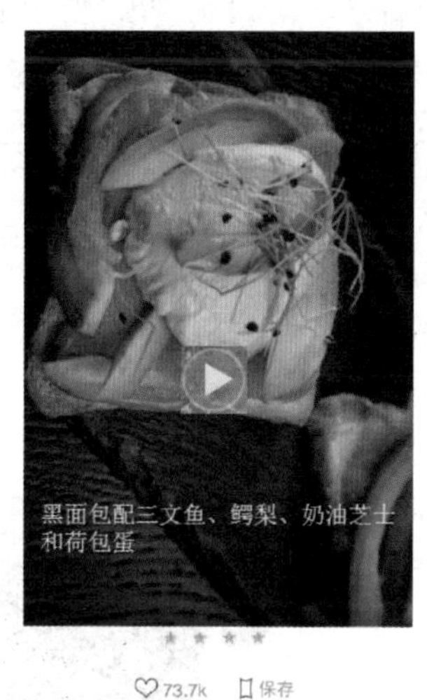

图 14.8　菜式展示页面

步骤 7：实现单击展示页面中间三角形按钮播放对应的视频，首先要获得视频对应的播放访问地址，然后为三角形按钮区域添加“鼠标单击时”用例，并在添加超链接处复制已获得的访问地址即可。

步骤 8：从首页开始逐一预览、检查、修改整个美食类移动网站。在该网站可以实现通过单击首页的搜索符号打开网站美食分类进而搜索美食的功能，可以在首页中使用鼠标滚动图片寻找美食，可以在计时器中单击 START 按钮后为做菜计时，可以在下方的导航条中任意切换页面（首页、秒表、设置、我的等）等功能。如图 14.9～图 14.11 所示为网站相关页面的效果图。

图 14.9　网站首页滚动图片的展示页面效果

图 14.10　做菜计时器

图 14.11　设置和登录注册页面

14.3 设计拓展

本案例讲解图 14.1 的美食类移动网站的基本设计制作，需要灵活使用动态面板实现相关效果。如何解决显示与设计制作不一致的情况，也将在预览调试中进一步介绍。为拓展读者对移动网站的理解，在此介绍 Axure RP 常用操作技巧相关的内容。

(1) 栅格设置。

Axure RP Pro 6.5 以后的版本默认隐藏了栅格，许多人对此很不适应，不知该如何对齐控件。要打开辅助线，只需单击菜单栏的“线框”|“栅格和辅助线”，取消选中“隐藏栅格”复选框即可。另外在“栅格设置”中，还可以调整栅格的间距、样式(点或线)以及像素值。此外，Axure RP 还具有辅助线功能，操作方法类似 Photoshop 的参考线：用鼠标将标尺拖出，在合适位置放开即可。

(2) 创建多个页面注释。

Axure RP 中的每个页面都有一块“页面注释”区域，在此可以创建多个页面注释，方法是单击“线框管理页面注释”，在弹出的面板中增加注释，这样所有页面都会出现新的注释。这个技巧可以用来写页面的调整历史(每个注释代表一个版本)，或者在多人协作编辑时区分不同人编写的注释。

(3) 手绘风格以及页面模式中的其他功能。

Axure RP 从 6.0 版本开始就加入了手绘风格。在页面模式中有个“草图”选项，可以设置手绘风格的“扭曲度”。默认值是 0，横平竖直，数字越大越“扭曲”，越有“手绘”风格。页面模式里还有其他一些比较好用的功能，例如设置页面背景色、背景图(支持图片平铺)、整个页面的对齐方式(默认是横竖都居中)，甚至一键将页面变成黑白模式(颜色里的第二项)。

(4) 自动生成站点地图。

有时需要把整个站点的结构用树形图呈现出来，Axure RP 为此提供了一个快捷的方法，在站点地图区域对准读者希望生成树形图的主干点右击，在弹出的快捷菜单中选择“图表类型”|“流程图”命令，就能自动生成图表形式的站点地图。单击图表上的每个控件，就会跳转到对应的页面。另外，读者还可以自定义流程图控件的超链接页面，方法是双击控件，再选择需要超链接到的页面。

(5) 左右滑动与拖动。

Axure RP 在 6.5 以后的版本中，动态面板新增了针对手机应用的向左拖动和向右拖动的两个用例，同时强化了拖动相关操作的交互功能。现在，读者可以实现让动态面板只能横向/纵向拖动，拖动结束后返回/不返回原位等丰富的动作了。

(6) 给动态面板添加滚动条。

有些时候读者想做一个长、宽距离都有限制的容器，让用户拖动滚动条来查看容器中的元素。使用内部框架功能这方面是很有局限性的，需要利用动态面板的 Scrollbar 属性。右击“动态面板”|“滚动条”，在弹出的快捷菜单中，会看到四个带滚动条命令的属性，根据需要进行选择，然后设计动态面板就能通过滚动条来显示超过自身大小的内容了。

(7) 在浏览器中悬浮。

有时候需要设计制作一个在浏览器中位置相对固定的元素，这候还是要用动态面板。

右击“固定到浏览器窗口”，然后在弹出的快捷菜单中设定悬浮位置。

(8) 移动动作。

在用例编辑中有一个动作叫“移动”，可以让动态面板移动到指定的位置，并可配合动画效果，例如直线移动、摆动、旋转移动等。这非常适合用来做菜单的展开/折叠、滑动、图片传送带等效果。

(9) 地图拖效果。

如想制作一个可以用鼠标拖来拖去的地图效果，也可以使用 Axure RP 实现，只是操作稍微复杂。在此需要创建一对嵌套的动态面板，每个动态面板都只有一个 State。外部的动态面板是地图容器，内部的面板用来放置地图图片。当设置好两个面板后，给地图容器添加一个“拖动时”的用例，并指定动作为移动，而需要移动的面板正是地图内容，再将移动下拉框设为“拖动”，即大功告成。

(10) 三种类型的母版。

母版是一种类似“印章”的操作。对于需要重复使用的控件组，在此可以把它们做成一个母版，然后只需拖动便可重复创建，非常方便。不过这只是母版的三种类型之一，叫“任意位置”。第二种类型叫“置于底层”，这种母版拖入页面后的位置是固定的，并且放在底层。这种母版适合制作页面模板，例如在制作手机应用的原型时，可以拿来制作手机外形的效果。第三种叫“自定义组件”，这种母版一旦拖进页面，便与母版失去了关联，但是其中的控件变得可以编辑了。要改变母版的类型，只需对着一个母版右击，在弹出的快捷菜单里选择“添加到页面”命令，再选择需要的类型。

(11) 给母版创建事件。

事件是母版的强化剂，通过定义事件，一个母版可以在不同页面实现不一样的交互效果。在母版的用例编辑中，动作列表中会多出来一个触发事件，可以创建多个事件。当再把这个母版拖进页面时，在它的部件属性面板中，先前创建的事件就会作为用例显示出来。这个功能的一个典型应用场景就是翻页。创建一个可以复用的“上一页一”|“下一页”母版，并给“上一页”和“下一页”触发不同的事件，当再把这个母版拖进页面时，就可以为“上一页”和“下一页”指定不同的超链接了。为某个母版创建两个事件，一个叫 ShowNextPictrue，另一个叫 ShowLastPictrue，然后这个母版就多了两个用例。

(12) 使用变量。

变量可以帮助用户在多个页面间传递数值，它需要与用例编辑中的“设置变量值”结合使用。例如在此设计制作一个根据登录者用户名显示不同的欢迎语句的交互页面，可以先创建一个叫 UserName 的变量，当用户单击“登录”按钮后，将“用户名”一栏的值存储到 UserName 中(使用设置变量值)，再给显示欢迎语的页面添加一个 OnPageLoad 的用例(依然使用设置变量值)，将 UserName 的值设置为欢迎语中显示用户名的地方。

(13) 在原型里加入 Logo。

创建原型时，在 Logo 里可以为所需设计制作的原型添加 Logo 和标题语，这样在导出的原型中，左上角就会显示刚才添加的 Logo 和标题语。

14.4 设 计 作 业

在掌握本章相关知识、经验和操作方法的基础上，要求学生以小组为单位，自行选择素材、题材并完成美食主题移动网站设计，提升学生的实践能力、创新能力与团队合作能力。

第15章 总 结

现在的产品都以用户为中心，而一个优秀的产品则需要借助高效的用户体验来实现。好的用户体验也需要经过反复测试、试验而得。这就需要我们从用户的角度来全面考虑产品的性能。同时，好的设计技巧也是我们需要参考借鉴的。我们需要从用户体验与网站交互设计的关系、用户体验的几个方面等进一步领会其中的含义，积极思考从哪几个方面可以提升产品的用户体验等。

直接、高效的交互设计能给用户带来自然、流畅的体验，能让用户进一步理解产品内容，从而提高用户使用的兴趣，强化使用的效果。因此网站原型设计与制作要在考虑设计需求的前提下，尽量遵循如下的交互设计原则。

(1) 交互的高效性。主要体现在用户体验第一，用户可以在很短的时间内，无须通过指导即可快速实现所需的交互操作步骤，达成所需的操作任务。

(2) 交互的直接性。主要体现在用户的交互自然、直接，减少无关干扰内容，避免复杂的操控与交互操作的指导，并给予用户即时的反馈。

(3) 操作的多样性。主要体现在用户可以根据不同的操作需求，以不同的操作姿势在可访问区域内进行互动操作，同时为用户提供必要的引导与提示。

(4) 交互的容错性。主要体现在引导用户按照自己的思维模式完成交互操作，当用户在使用无意识行为或直觉交互操作出错时，系统给予及时、合理的反馈信息。

(5) 手的局限性。如果是移动设备端的设计，则在互动操控时需要考虑用户手的生理特征及交互设备的局限性，互动设备也要具有一定的容错性。

以移动类网站原型设计为例，简述其原型交互设计实践情况，主要包括信息框架的设计以及交互设计方式。移动类网站可以突破原有传统单向的传播局面，采用卡片容器的形式展示其内容，阅读使用更加方便，图文结合更为详细，同时丰富的内涵设计，也为用户进行交友、交流等互动活动提供了在移动类网站端的可能，可以使用户拓宽交际圈，利用移动端的活动扩大自身的影响力及知名度，满足用户的深层次需求。在原型交互方式设计上，进一步研究可以围绕减少认知负担，增强触控与视觉体验，强化信息隐藏设计等方面触发用户体验。考虑到交互设备与手的生理特征的局限性，建立在UI界面设计的基础之上的交互设计，一方面要从视觉元素的变化入手加强交互感的体现，注意控制界面视觉元素尺寸、色彩层次、形式感的变化与交互触控范围；另一方面注重微交互的设计，让用户体会到操作过程的操控感与触控感。研究发现，在交互设计过程中用户面临的选择越少，越不可能采取无关的行动。这样的设计也即"少即是多"，能为用户提供明确的浏览指引，使得用户可以专注于当前的信息，得到极致的交互操作体验。在充分考量引发直觉思维的必要性基础上，采用信息隐藏设计是一种好的选择。信息隐藏可以避免展示过多信息，对界面控件进行多重利用，使得局限的空间得到最大化的使用，同时减少用户思考的时间，赋予用户交互操作的趣味性。比如抽屉式的信息隐藏，它是通过手指触控实现类似开关抽屉效果的信息隐藏与展示。另外在提供反馈的设计上也可以采用该隐藏设计，作为交互结果显示的一部分，反馈最好放在当前交互点的附近，在按钮、链接等其他交互点上通过颜色改变等翻转效果，给用户暗示性的交互体验，部分反馈设计采取游戏机制，可以为用户提供意外的效果。下面展示部分网站原型设计制作项目课程的学生作业，仅供参考(如图 15.1～图 15.8)所示。

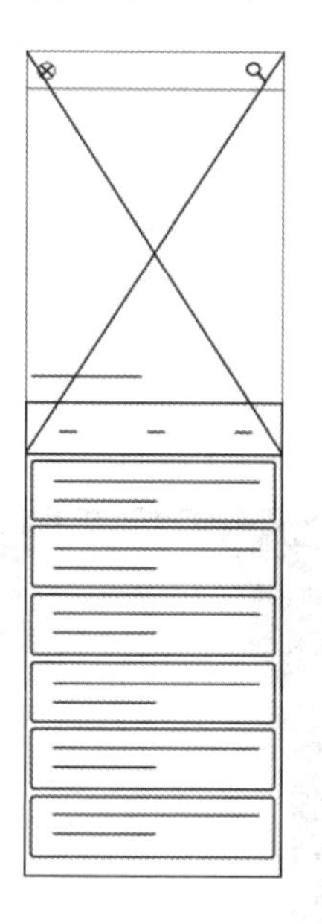
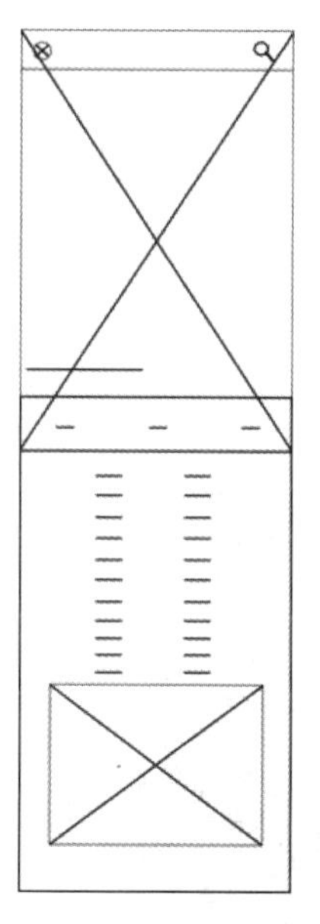
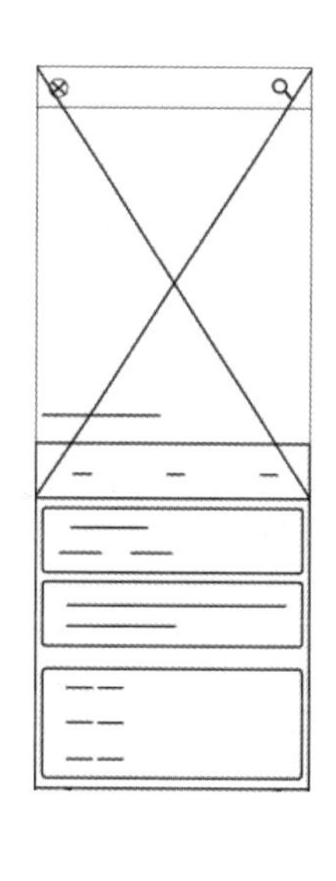

图 15.1　设计制作作品(1)

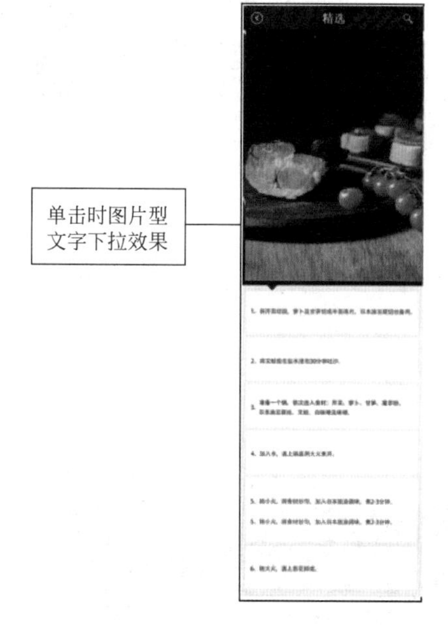

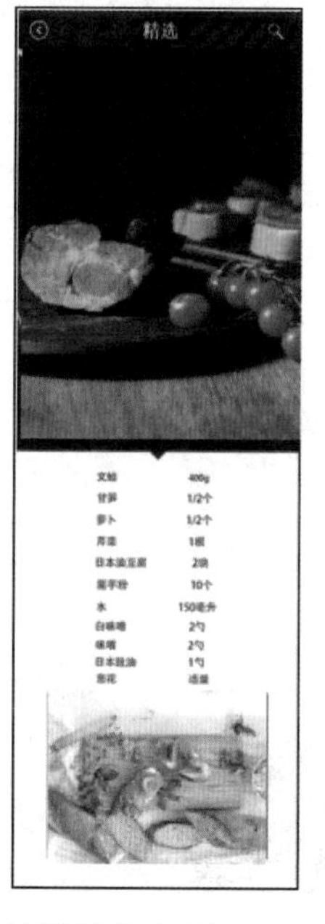

图 15.2　设计制作作品(2)

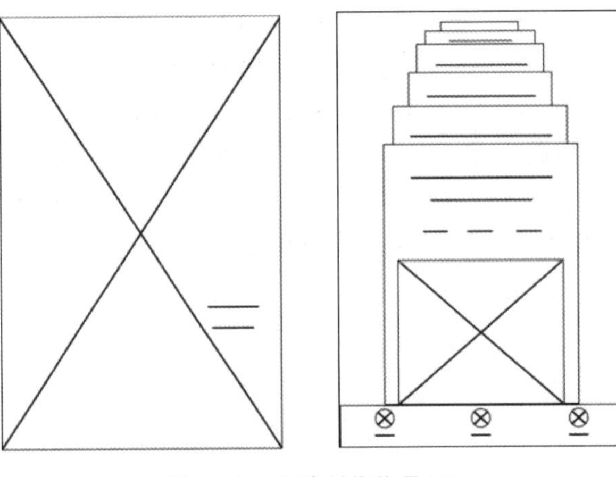

图 15.3 设计制作作品(3)

图 15.4 设计制作作品(4)

图 15.5 设计制作作品(5)

图 15.6　设计制作作品(6)

图 15.7　设计制作作品(7)

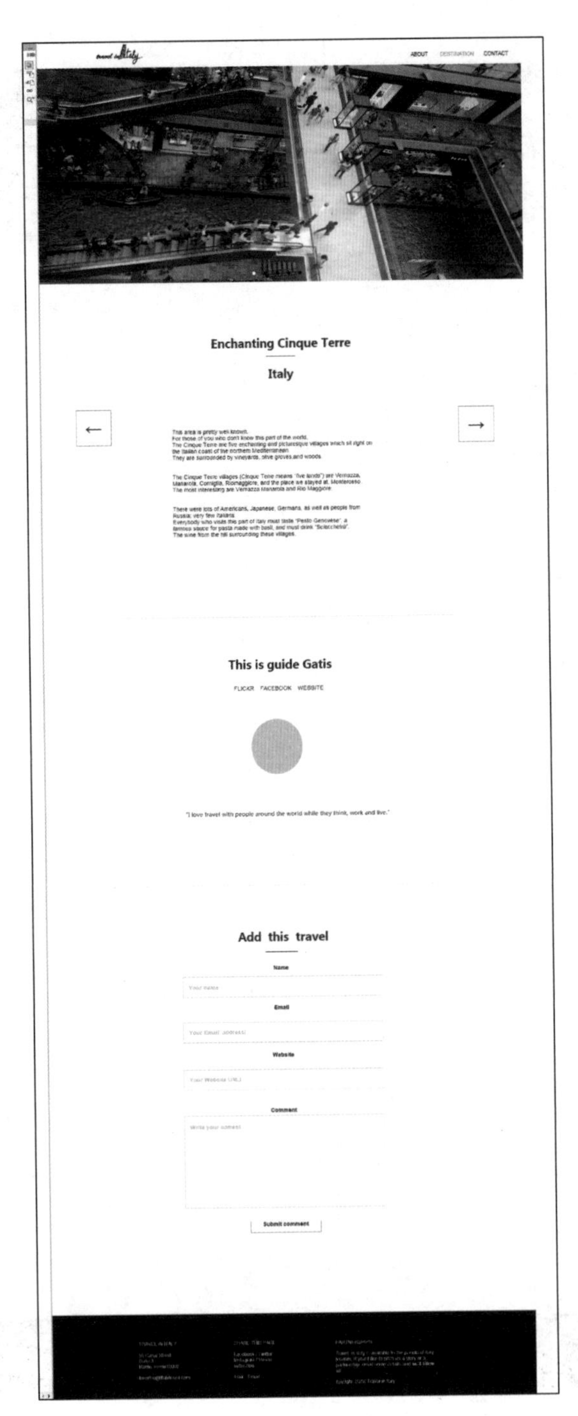

图 15.8　设计制作作品(8)

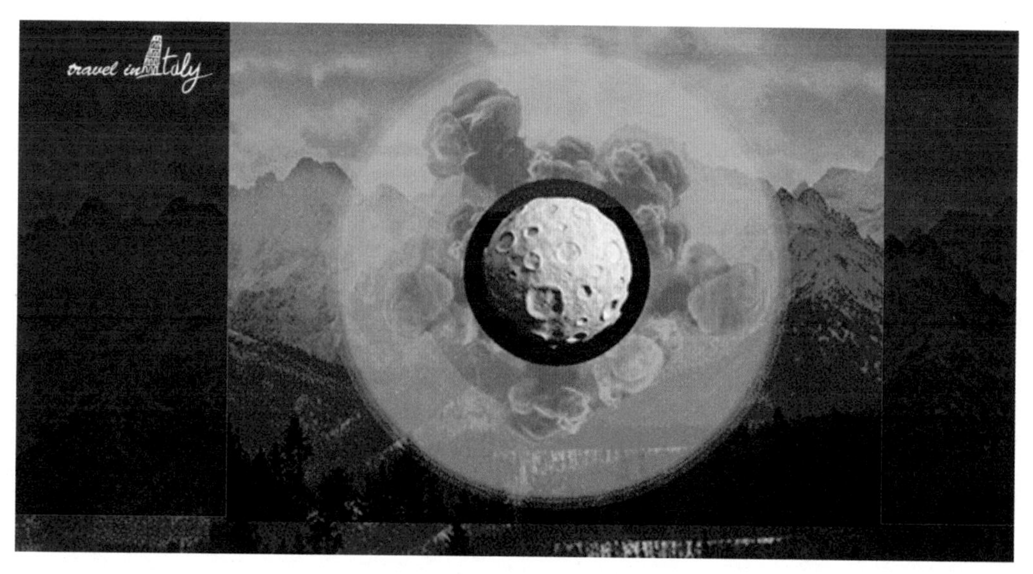

图 15.9 设计制作作品(9)

第四部分

网站原型设计考证篇

第16章 多媒体应用设计师考试

多媒体应用设计师考试是全国以考代评的考试，通过考试的人员可以获得中级资格(水平)认证，在国内外都具有较高的含金量。结合教育部关于“1+X”证书制度试点工作的指导意见，可以在网站原型设计与制作课程中开展多媒体应用设计师考试的考证辅导工作。

多媒体应用设计师的实践技能操作主要分为四部分：多媒体应用的策划与设计、多媒体素材的制作和集成、多媒体应用系统的设计和实现示例、多媒体数据库及分布式多媒体系统。项目案例课程的实施开展，使得学生在多媒体应用的策划与设计、多媒体素材的制作和集成等方面的实践逐渐深入。因此，本篇中各项目实现了项目内容与职业资格考试内容较好地对接，在经过各项目内容的学习、实训后再经过适当的辅导，补充部分知识、技能，参加并通过考试就可以获得多媒体应用设计师考试的证书。

下面对多媒体应用设计师考试试题(下午案例分析考试的试题)进行说明、分析与解答，使学生进一步熟悉多媒体应用设计师考试的内容与类型。

16.1 试题分析与解答

试题1(2019年11月试题1)

阅读下列说明，回答问题1至问题5，将答案填入答题纸的对应栏内。

【说明】

近年来，博物馆的展示设计理念和教育思想出现了两个新变化。

第一个新变化是：参观者在博物馆中学习到了多少知识并不是最重要的，最重要的是学习的过程，即发现和探索知识的过程。观众的学习由被动地接受知识转变为双方互动、沟通与理解的过程。

第二个新变化就是：从以展品为中心转变为以观众为中心。展示内容从对展品的简单陈列和说明，发展为通过构造生动的、让参观者感兴趣的环境，吸引观众对展品的注意力，加强观众主动接触和学习的动机，提升他们探索的欲望。

为了充分利用互联网的独特优势，使博物馆的藏品得到更广泛的宣传、传播及保留，某博物馆拟建设藏品虚拟展示项目，开发多媒体应用系统。

【问题1】(5分)

请列出多媒体技术的特点。

【问题2】(3分)

在多媒体应用系统中，如果想全方位展示实体藏品的细节，为观众呈现真实的空间信息，应采用何种建模方式？

【问题3】(4分)

请列出基于生物特征的识别技术有哪些?

【问题4】(4分)

从软件工程角度,简述设计实现多媒体应用系统的开发流程。

【问题5】(4分)

请写出多媒体人机交互界面的界面设计原则。

试题1分析

【问题1】

多媒体技术的特点如下。

- 集成性:对各种媒体的集成和对媒体设备的集成。
- 交互性:用户可以和计算机实现复合媒体处理的双向性。
- 实时性:实时控制多媒体信息。
- 控制性:以计算机为中心,综合处理和控制多媒体信息。
- 非线性:借助超文本链接的方式,将内容灵活、多变地呈现给用户。

【问题2】

采用三维建模后设计交互的方式,全方位展示实体藏品的细节,为观众呈现真实的空间信息,使得观众可以更好地体验展品。

【问题3】

生物识别技术,通过将计算机与光学、声学、生物传感器和生物统计学等高科技手段密切结合,利用人体固有的生理特性(如指纹、脸形、虹膜等)和行为特征(如笔迹、声音、步态等)来进行个人身份的鉴定。

【问题4】

从软件工程角度,多媒体应用系统的开发流程为需求分析、设计与制作、测试、提交。

【问题5】

多媒体人机交互界面的界面设计原则有以下几点。

(1) 用户原则。人机界面设计首先要确立用户类型。划分类型可以从不同的角度,视实际情况而定。确定类型后要针对其特点预测他们对不同界面的反应,要从多方面设计分析。

(2) 信息最小量原则。人机界面设计要尽量减少用户记忆的负担,采用有助于记忆的设计方案。

(3) 帮助和提示原则。要对用户的操作命令做出反应,帮助用户处理问题。系统要设计有恢复出错现场的能力,在系统内部处理工作要有提示,尽量把主动权交给用户。

(4) 媒体最佳组合原则。多媒体界面的成功并不在于仅向用户提供丰富的媒体,而应在相关理论指导下,注意处理好各种媒体间的关系,恰当选用。

试题1参考答案

【问题1】

集成性、交互性、实时性、控制性、非线性。

【问题2】

采用三维动画的方式(三维建模等类似技术)。

【问题3】

- 指纹识别技术。

- 语音声纹识别技术。
- 视网膜图样识别技术。
- 虹膜图样识别技术。
- 脸形识别技术。

【问题 4】

需求分析、设计与制作、测试、提交。

【问题 5】

- 用户原则。
- 信息最小量原则。
- 帮助和提示原则。
- 媒体最佳组合原则。

试题 2(2018 年 11 月试题 2)

阅读下列说明,回答问题 1 至问题 5,将答案填入答题纸的对应栏内。

【说明】

Photoshop 是生活和工作中最常用的数字图像处理工具软件之一,广泛应用于平面设计、图像编辑、广告、出版、网页设计、多媒体制作等诸多领域。

【问题 1】(3 分)

请简述 Photoshop 工具箱中"仿制图章工具"的主要功能。

【问题 2】(2 分)

在 Photoshop 中打开一幅如图 16.1(a)所示的林荫路图像,然后执行"图像"→"调整"→"曲线"命令,显示如图 16.1(b)所示的"曲线"对话框。将该面板曲线调整为图 16.1(c)、图 16.1(d)中的哪一种能够使图 16.1(a)变为图 16.1(e)?

(a)

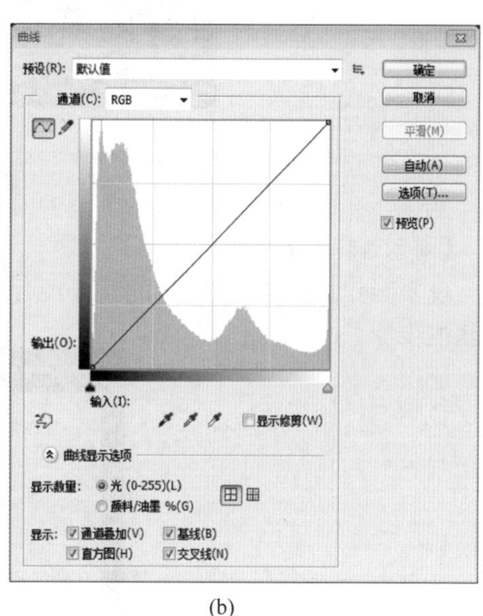

(b)

图 16.1 林荫路图像

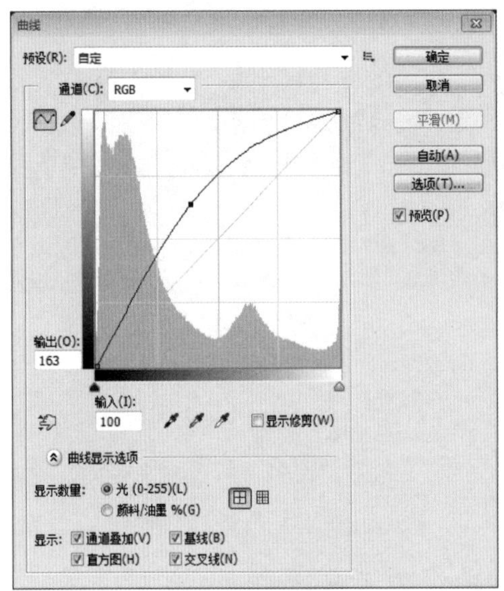

(c)

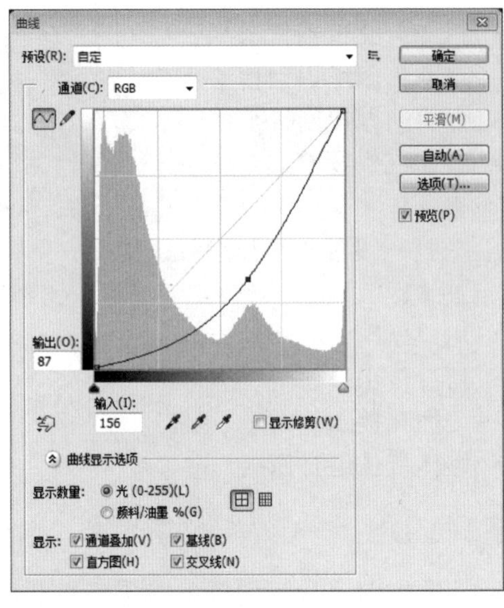

(d)

(e)

图 16.1 （续）

【问题 3】(5 分)

现要制作如图 16.2 所示的背景图片，请说明利用 Photoshop 的油漆桶工具实现该效果的基本步骤。

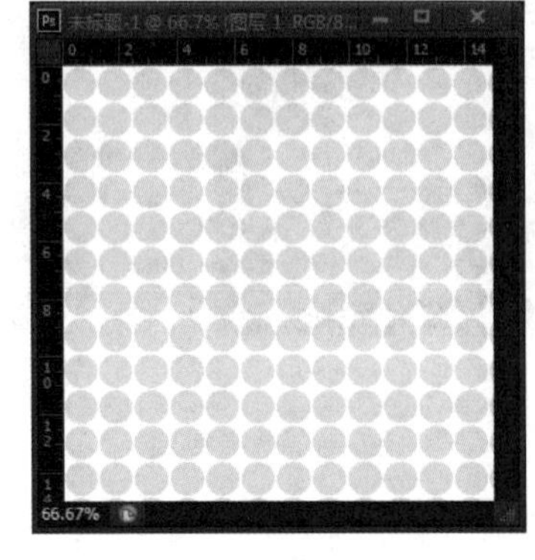

图 16.2　背景图片

【问题 4】(4 分)

在 Photoshop 中选区的布尔运算有哪几种？各自的特点是什么？

【问题 5】(6 分)

在 Photoshop 中要制作如图 16.3 所示的气泡效果，请说明实现该效果的基本步骤。

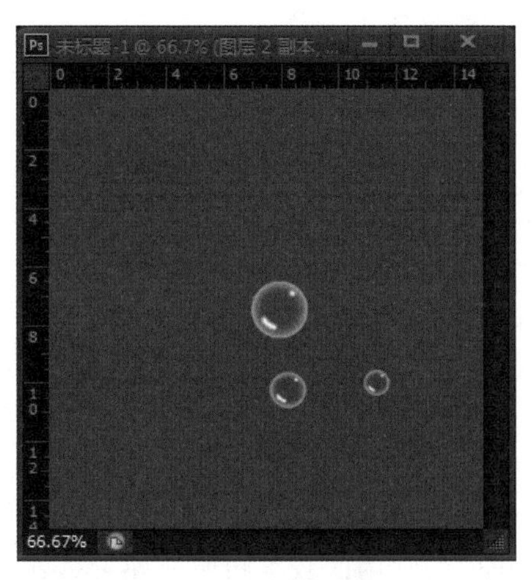

图 16.3　气泡效果

试题 2 分析

问题 1 考查对常用工具“仿制图章”使用方法的掌握。

问题 2 主要考查对 RGB 通道的理解与运用技术。

问题 3 主要考查考生对油漆桶和图案工具的运用。

问题 4 主要考查考生对布尔运算的理解。

问题 5 主要考查考生对选区和画笔的综合运用能力。

【要点分析】

问题 3 要点是通过油漆桶设定自定义图案。

试题 2 参考答案

【问题 1】

仿制图章工具是 Photoshop 软件中的一个工具，主要用来复制取样的图像。仿制图章工具使用方便，它能够按涂抹的范围复制全部或者部分到一个新的图像中。

【问题 2】

C

【问题 3】

(1) 新建白色画布，创建图层，制作一个正圆选区，填充浅蓝色。

(2) 选择矩形选取工具，选取刚刚制作好的圆形部分。

(3) 选择“编辑”→“定义图案”命令，将选区定义为图案，命名为“图案 1”。

(4) 新建另一个白色画布，新建图层 1，选择填充工具组的油漆桶工具，在“图案”下拉列表中选择“图案 1”选项进行填充即可。(根据答案的步骤，酌情给分)

【问题 4】

(1) 新选区：总保持最近新建的这个选区。

(2) 添加到选区：新选区和原有选区的合并。

(3) 从选区减去：将原有选区裁切掉一部分。

(4) 与选区交叉：取原有选区和新选区重叠的部分。

【问题 5】

(1) 新建图层 1，填充背景色(深灰色)。

(2) 新建图层 2，利用椭圆选区工具制作一个大圆选区，填充白色(不要取消选区)，然后按 Alt+S+T 组合键缩小选区，按 Shift+F6 快捷键设置羽化半径 30 左右，按 Delete 键删除。

(3) 选择画笔工具，前景色设置为白色，选择合适的笔尖大小，画出高光。

(4) 选择图层 2，按 Ctrl+T 快捷键对气泡做缩小操作。

(5) 按住 Alt 键并通过鼠标左键拖动气泡，复制出多个图层，修改各个气泡的大小和位置。(根据答案的步骤，酌情给分)

试题 3(2016 年 5 月试题 2)

阅读下列说明，回答问题 1 至问题 6，将答案填入答题纸的对应栏内。

【说明】

Photoshop 是生活和工作中最常用的数字图像处理工具软件之一。利用 Photoshop 可以对数字图像进行各种复杂的编辑处理工作，包括图像格式转换、图像编辑、图像合成、增加滤镜效果、校色、调色以及特效制作等。

【问题 1】(3 分)

简述 Photoshop 工具箱中多边形套索工具的主要功能。

【问题 2】(4 分)

在 Photoshop 中打开一幅图像，然后执行“图像”→“调整”→“曲线”菜单命令，显示如图 16.4(a)所示的“曲线”对话框。

① 将该曲线调整为图 16.4(b)～图 16.4(e)中的哪一种能够调高原图像的亮度？

① 将该曲线调整为图 16.4(b)～图 16.4(e)中的哪一种能够使原图像反相？

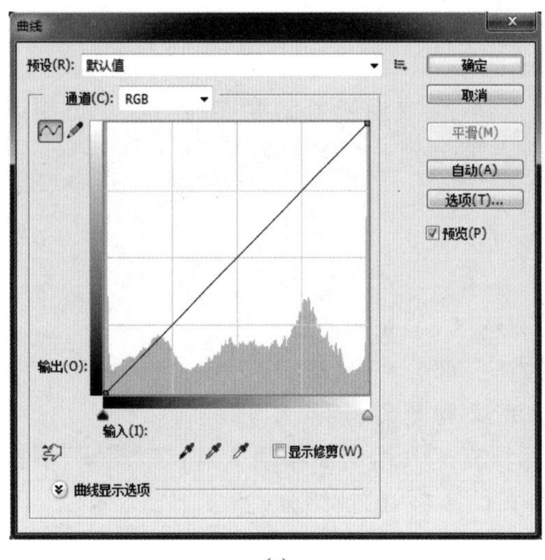

(a)

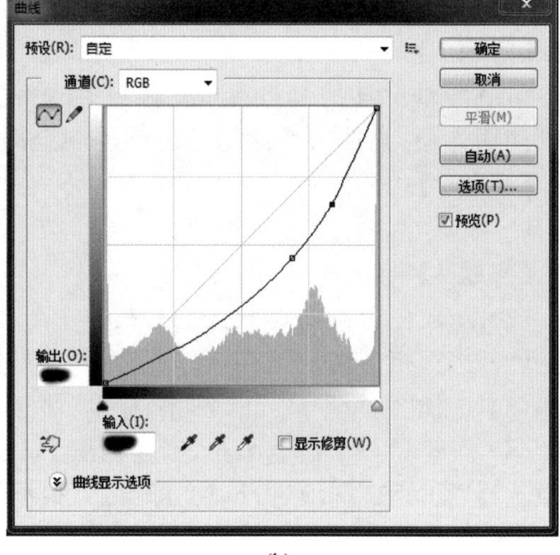

(b)

图 16.4　曲线调整

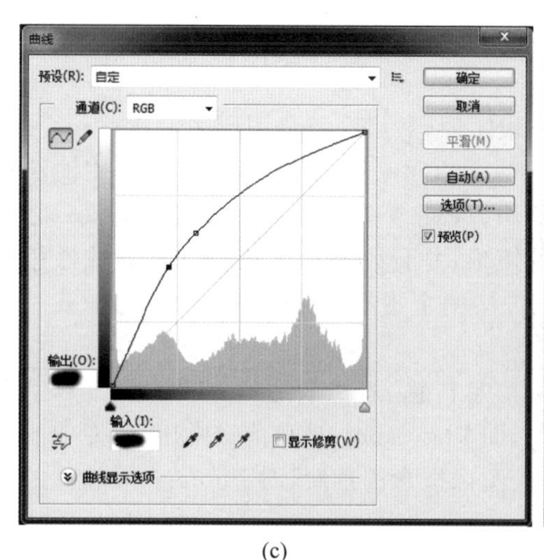

(c)

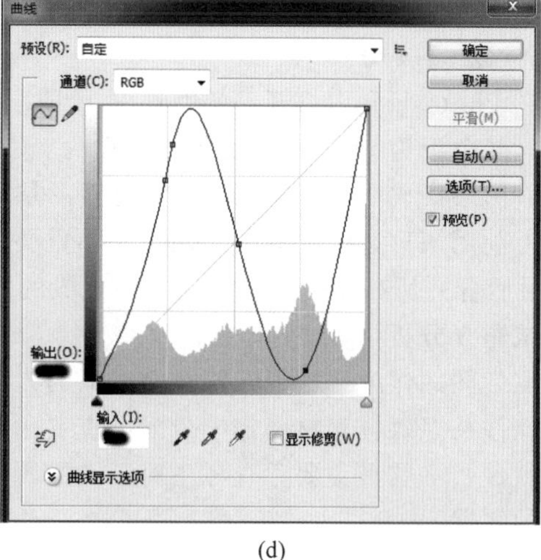

(d)

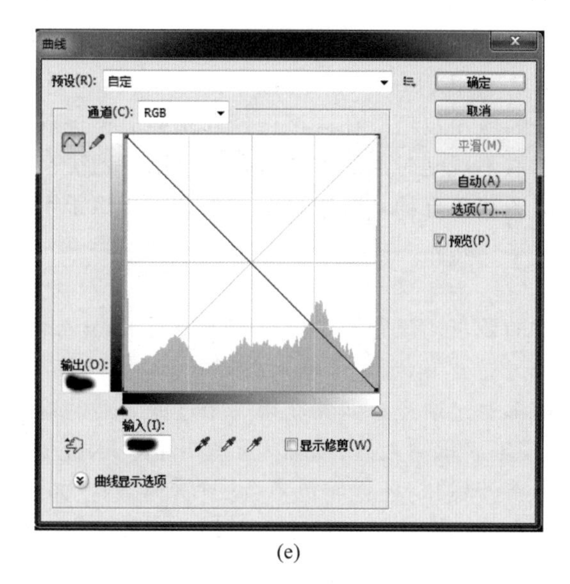

(e)

图 16.4 （续）

【问题 3】(2 分)

在 Photoshop 中打开一幅图像，然后执行"图像"→"模式"→"Lab 颜色"菜单命令，将其设为 Lab 颜色模式。请问通过改变 L、a、b 三个通道中哪(几)个通道的曲线能够调整原图像的色彩鲜艳程度？

【问题 4】(5 分)

① 现有一张物理幅面为 40 英寸×30 英寸，分辨率为 96dpi 的 JPEG 图像，简述如何利用 Photoshop 在保持图像长宽比和分辨率不变的前提下将其幅面大小调整为原图像的四分之一。

② 调整完之后图像的宽和高分别是多少像素？

【问题 5】(4 分)

现有一幅 JPEG 格式的背景为蓝色的徽标图像，为了便于将其应用于网页制作中，需要对其进行处理并转换为具有透明背景的 PNG 格式图像。请说明利用 Photoshop 实现该处理的基本步骤。

【问题 6】(4 分)

在 Photoshop 中打开一幅普通的 JPEG 格式图像,然后在背景图层之上新建一个图层,新建时颜色设为“无”,图层叠加模式设为“正常”,不透明度设为 100%;然后利用油漆桶工具将新图层染成白色;在新图层上建立图层蒙版,并使该图层处于蒙版编辑模式;之后在蒙版上利用矩形选框工具画出两个互不重叠的矩形,并分别利用油漆桶工具染成黑色和灰色;最后合并所有图层。请描述最终生成的图像中两个矩形区域的显示内容。

试题 3 分析

图形图像作为一种视觉媒体已经成为人类信息传输、思想表达的重要方式。数字图像处理软件在多媒体素材制作中扮演了重要角色,而 Photoshop 是目前最常用、最专业的图像处理软件。本题目主要考查考生对基本的图形、图像概念的理解,对 Photoshop 软件的运用技巧的掌握。

【问题 1】

本问题属于基础题,容易得分。该题目主要考查考生对 Photoshop 中常用菜单、常用操作工具的应用方法的理解。利用 Photoshop 在数字图像中选取一个不规则的多边形区域是每个 Photoshop 用户必备的应用技巧。在区域选择的基础上再进行剪切、移动、透镜处理等操作。在 Photoshop 中选取不规则对象的方法有色彩范围抠图法、套索工具抠图法、通道抠图法、蒙版抠图法、路径抠图法等五种。多边形套索工具主要用于生成由不规则多边形包围的选择区。

【问题 2】

本问题属于中等难度的题目。该题目主要考查考生对 Photoshop 中颜色通道概念的理解。颜色通道相当于一个过滤器,给定一个输入可以得到一个确定的输出。数字图像中每像素的颜色值在显示之前都通过通道过滤器获得一个过滤之后的输出值。颜色通道一般用一个曲线来表示,曲线的横轴表示输入值,纵轴表示输出值。因此如果通道曲线为 $y=x$ 函数定义的 45°斜线,则输入等于输出,图像颜色不会受任何影响。如果曲线为(c)(符合 $y>x$ 条件的某条曲线),则每像素的颜色值经过过滤之后都会增大,因此曲线(c)可以调高整个图像的亮度。如果曲线为(e),则最亮的颜色值($x=255$)将变为 0,最暗的颜色值($x=0$)变为最大值 255,因此整个图像的色彩将反相。

【问题 3】

本问题主要考查考生对色彩空间知识的掌握程度。Lab 颜色空间是一种与设备无关的颜色系统,也是一种基于生理特征的颜色系统。在 Adobe Photoshop 图像处理软件中,TIFF 格式文件和 PDF 文档中,都可以见到 Lab 颜色空间的具体应用。Lab 颜色空间是用数字化的方法来描述人的视觉感应。Lab 颜色空间中的 L 分量用于表示像素的亮度,取值范围是[0,100],表示从纯黑到纯白;a 表示从红色到绿色的范围,取值范围是[127,−128];b 表示从黄色到蓝色的范围,取值范围是[127,−128]。该题目属于中等难度的题目。该题目中要求改变色彩的鲜艳程度,只能通过改变 a、b 通道的值获得该效果。

【问题 4】

本问题主要考查分辨率的概念、数字图像大小计算方法和对 Photoshop 应用技巧的掌握,检验考生是否能够将 Photoshop 的多种基本工具组合使用来完成指定的任务。在 Photoshop 中调整数字图像大小是一种常见的图像处理操作。

题目要求在保持图像长宽比和分辨率不变的前提下将其幅面大小调整为原图像的四分之一，只需要将图像的宽度和高度分别调整为原来的二分之一即可。利用 Photoshop 的“图像”→“图像大小”菜单命令功能将图像的像素大小或物理尺寸大小(以英尺或厘米为单位)调整为原来的二分之一即可。

调整之前，原图像宽度为 40×96＝3840 像素，高度为 30×96＝2880 像素；在调整之后，宽度和高度分别变为原来的二分之一，因此分别为 1920 和 1440 像素。

【问题 5】

本问题主要考查考生对 PNG 图像格式和对 Photoshop 应用技巧的掌握，需要理解 PNG 格式中“透明背景”的概念，考查考生是否能够将 Photoshop 的多种基本工具组合使用完成指定的任务。

要将纯色背景的 JPEG 图像转换为 PNG 图像，首先要将 JPEG 图像背景区选择出来(因为 JPEG 图像没有图层的概念)，然后再删掉该背景区，再另存为 PNG 图像格式。Photoshop 会自动将未定义颜色值的背景区设置为透明层。JPEG 图像背景区很可能是一个不规则的区域，因此需要采用“魔棒工具”“磁性套索工具”“色彩范围选择”或“蒙版选择”等不规则区域选择方法选中该图像的背景区。

【问题 6】

本问题主要考查 Photoshop 中“蒙版”的概念。蒙版属于 Photoshop 中的高级使用技巧。在使用 Photoshop 进行图像处理时，常常需要保护一部分图像，以使它们不受各种处理操作的影响，蒙版就是这样的一种工具，它是一种灰度图像，其作用就像一块布，可以遮盖住处理区域中的一部分，当我们对处理区域内的整个图像进行模糊、上色等操作时，被蒙版遮盖起来的部分就不会受到改变。蒙版是将不同灰度色值转化为不同的透明度，并作用到它所在的图层，使图层不同部位透明度产生相应的变化。黑色为完全透明，白色为完全不透明。该题目中黑色矩形区域以完全透明方式显示了背景图层(最开始打开的 JPEG 图像)中对应区域的内容，另一个灰色矩形区域以半透明方式显示了背景图层中对应区域的内容。

试题 3 参考答案

【问题 1】

多边形套索工具主要用于生成由不规则多边形包围的选择区。

【问题 2】

① c　② e

【问题 3】

a 和 b 通道

【问题 4】

① 答案 1：将要调整的 JPEG 图像用 Photoshop 打开后，利用“图像”→“图像大小”菜单命令功能(或者利用快捷键 Ctrl＋Alt＋I)，将图像的宽度和高度都改成原来的二分之一。

答案 2：将要调整的 JPEG 图像用 Photoshop 打开后，利用“存储为 Web 所用格式”菜单功能，将新生成图像的宽度和高度都改成原来的二分之一。

② 宽 1920 像素，高 1440 像素。

【问题 5】

答案略

【问题 6】

答案略

试题 4(2015 年 5 月试题 1)

阅读下列说明,回答问题 1 至问题 5,将答案填入答题纸的对应栏内。

【说明】

利用图像处理工具软件可以对数字图像进行各种复杂的编辑处理工作,包括图像格式转换、图像编辑、图像合成、增加滤镜效果、校色调色及特效制作等。Photoshop 是较为常用的图像处理工具软件。

【问题 1】(4 分)

① Photoshop 的历史记录面板记录了哪些信息?

② 用户在编辑图像过程中,利用历史记录面板主要完成什么操作?

【问题 2】(2 分)

单击工具面板中的裁剪工具按钮,利用鼠标在被编辑图像中拖选出一个矩形框,然后用鼠标双击该矩形区域或者单击"图像"→"裁剪"菜单命令,那么该图像会发生什么变化?

【问题 3】(6 分)

有一张背景接近纯色的景物照片,该景物边缘不规则并且内部色彩丰富。现要求从照片中将该景物选取出来并粘贴到另一张数码照片中。简述如何在 Photoshop 中利用魔棒工具实现上述操作,要求给出关键操作步骤。

【问题 4】(4 分)

除了利用魔棒工具,再给出两种能够尽量准确选取不规则对象的方法。

【问题 5】(3 分)

在 Photoshop 中打开一张彩色数码照片后,单击"图像"→"调整"→"色相/饱和度"菜单命令,出现如图 16.5 所示的对话框。如果要将原照片转化为灰度图像,①应调整对话框中哪个(或哪些)值? ②如何调整?

图 16.5 "色相/饱和度"对话框

试题 4 分析

图形图像作为一种视觉媒体已经成为人类信息传输、思想表达的重要方式。数字图像处理软件在多媒体素材制作中扮演了重要角色，而 Photoshop 是目前较常用、较专业的图像处理软件。本题目主要考查考生对基本的图形、图像概念的理解，对 Photoshop 软件运用技巧的掌握。

【问题 1】

本问题属于基础题，主要考查考生对 Photoshop 中常用菜单、常用操作工具的应用方法的理解。每个使用 Photoshop 处理过数字图像的用户都必然会用到“历史记录”功能，以撤销已经完成的若干操作，回退到某个操作之前的状态。一般用户都会一边修改数字图像，一边观察修改结果。如果修复结果不满足要求，则通常会利用该功能撤销之前的修改动作。

【问题 2】

该问题仍然考查考生对 Photoshop 中常用菜单、常用操作工具的应用方法的理解。将一张数码照片或图像裁切成指定大小是一般用户利用 Photoshop 完成的常见的操作之一。利用“裁切”菜单比先选取区域，再剪切，再粘贴到新的图像文件的方法更快捷。对 Photoshop 使用较为熟练的用户都应会使用该项功能。

【问题 3】

本问题主要考查考生对 Photoshop 中等程度应用技巧的掌握，检验考生是否能够将 Photoshop 的多种基本工具组合使用完成指定的任务。从一个数字图像中选取一个对象并移植到另一个数字图像中是一种常见的照片处理操作。从原始图像中直接选取一个颜色丰富、边界不规则的对象是较难掌握的一种操作。这也是该题目的一个难点。解答该题目的关键点是不直接选取人像区域，而是先选择颜色单一的背景区，然后再利用反选功能选出人物区域，最后再粘贴到另一幅图像上。

【问题 4】

该问题考查考生对 Photoshop 应用技巧的掌握程度和归纳总结能力。在 Photoshop 中选取不规则对象的方法有色彩范围抠图法、套索工具抠图法、通道抠图法、蒙版抠图法、路径抠图法五种。对 Photoshop 有一定了解的考生能够答出 2～3 种。要了解并能够在合适的应用场景下正确使用这些抠图法要求考生具备一定深度的数字图像知识。

【问题 5】

本问题主要考查考生对色彩空间知识的掌握，特别是对 H(色相)、A(饱和度)和 I(明度)色彩空间(类似于 HSV 色彩模型)的理解程度。模型中 H 表示色彩信息，即光谱颜色所在的位置，该参数用角度来表示。饱和度 A 是一个比例值，表示所选颜色的纯度和该颜色最大的纯度之间的比率，当 A 取最小值时，代表灰度。I 表示色彩的明亮程度，与光强度有直接关系。该题目要求将原图像改为灰度图像，显然应该将饱和度 A 置为最小。该题目属于中等难度的题目。

试题 4 答案

【问题 1】

① Photoshop 的历史记录面板记录了用户过去完成的一系列操作。

② 用户可以利用历史记录面板撤销已经完成的若干操作，回退到某个操作之前的状态。

【问题 2】

被编辑图像产生如下变化：被选择的矩形区域被保留，矩形区域外面的图像内容被自动裁剪掉了。

【问题 3】

步骤如下：

(1) 打开包含景物的照片文件和作为被粘贴目标的照片文件。

(2) 选用魔棒工具，单击景物照片中的背景区，并利用相关工具调整选区边缘。

(3) 单击"选择"→"反向(反选)"菜单命令，或利用 Shift＋Ctrl＋I 组合键进行反选，将选择区变成景物。

(4) 复制被选择的景物区域，然后粘贴到目标照片中。

【问题 4】

在 Photoshop 中选取不规则对象的方法有：①色彩范围抠图法；②套索工具抠图法；③通道抠图法；④蒙版抠图法；⑤路径抠图法。

【问题 5】

① 应调整"饱和度"。

② 答案一：将饱和度调整成最小值；答案二：将饱和度值调整为－100。

试题 5(2015 年 5 月试题 2)

阅读下列说明，回答问题 1 至问题 5，将答案填入答题纸的对应栏内。

【说明】

某编辑部在期刊制作过程中，同时利用图像处理软件(如 Photoshop)和图形编辑软件(如 Illustrator)两类工具软件制作期刊插图。最后利用图文混排软件进行排版设计。这三种软件相互配合使用，能够有效地完成期刊内容设计、排版的全部工作。

【问题 1】(4 分)

从定义角度说明位图图像和矢量图形的区别。

【问题 2】(2 分)

如果要制作统计图表插图适合采用上述的哪种类型的软件？

【问题 3】(4 分)

现有一些纸质照片需要输入到计算机中作为制作期刊插图的素材，请列举两种数字化录入手段。

【问题 4】(4 分)

简述如何利用图像处理软件 Photoshop 在期刊插图(位图格式)的右下角加入具有半透明效果的期刊名称文字作为水印，要求给出关键操作步骤。

【问题 5】(3 分)

为了方便在多幅图像中加入文字水印，需要预先在 Photoshop 中制作好水印图案，然后复制叠加到设计图中。要存储附加水印内容且可以随时按需修改调整水印的设计图，①PSD、JPG、TIFF 图像文件格式，哪种不适合使用？②为什么？

试题 5 分析

该试题是关于图形、图像的综合类题目，考查了考生对图形、图像基本概念的理解、常见的图形图像文件存储格式、存储特性、输入输出手段、编辑工具、编辑方法、综合运用等多类知识。

【问题 1】

该问题主要考查考生对图形、图像概念的理解。通过对位图图像和矢量图形概念定义的对比，可以促进学生对两种记录现实世界画面本质的理解。其中位图图像是通过像素点的颜色信息数值来反映原始图像的视觉效果。可以把一幅位图图像理解为一个矩阵，矩阵中的每个元素就是图像中的一个点，称为像素。每像素都有具体的颜色信息。矩阵中的所有不同颜色的点就组成了一幅完整的图像。矢量图形是用矢量方式(如形状的解析式)来描述的图形。这些矢量或解析式用来描述构成一幅图的所有直线、圆、矩形、曲线等图元的位置、形状、维数和颜色等各种属性和参数。显示时，需要相应的软件读取、解释这些矢量信息，并将其转换为适合屏幕显示的像素信息进行显示。该题目属于简单题目。

【问题 2】

该问题仍然考查考生对图形概念的理解。通过一种具体的图(统计图表)的例子来让考生判断是图形还是图像，以检验是否真正理解相关概念。统计图表中包含了线段、文字、色块等明显的图元信息，完全可以用图形方式进行建模和存储，因此更适合作为图形方式进行编辑(因此正确答案是图形编辑工具 Illustrator)。

【问题 3】

本问题主要考查考生是否掌握了多媒体数据输入设备和输入方法相关知识。将现实中的图片转换成计算机能够存储的数字图像必须借助于具有光电转换器件的输入设备，最常见的就是图像扫描仪(CCD 扫描仪和 CIS 扫描仪)、数码相机以及数码摄像机。这些设备的光电转换器件将图片中各个点的反射光(强度、颜色等)转换为数字图像中一个像素值，就得到了数字图像。

【问题 4】

本问题主要考查考生对 Photoshop 中等偏上难易程度应用技巧的掌握，检验考生是否能够将 Photoshop 的多种基本工具组合使用完成指定的任务。在一个数字图像中加入具有半透明效果的文字作为水印，需要用到 Photoshop 中非常重要的“图层”的概念。在该题目中至少需要建立两个图层，其中一个图层保存原始位图，另一图层用来容纳水印文字。利用图层才能实现半透明效果。可以手动创建一个图层，Photoshop 也支持在添加文字时自动创建一个图层。

【问题 5】

本问题主要考查考生对常用的数字图像存储文件格式相关知识的了解。对数字图像进行存储、处理、传播，必须采用一定的图像格式，也就是把图像的像素按照一定的方式进行组织和存储，把图像数据存储成文件就得到图像文件。图像文件格式决定了应该在文件中存放何种类型的信息，文件如何与各种应用软件兼容，文件如何与其他文件交换数据。创建的图像文件格式包括 BMP、TIFF、GIF、JPEG、PNG、PSD 等。在问题 4 中提到要保存能够随时进行编辑的带有文字水印的图像，其存储格式必须支持“图层”的概念。题目中给出的 3 种格式中，只有 JPG 不支持分层的概念，因此 JPG 图像格式不合适。

试题 5 答案

【问题 1】

位图图像也称光栅图、栅格图、点阵图，是通过像素点的颜色信息数值来反映原始图像的视觉效果。可以把一幅位图图像理解为一个矩阵，矩阵中的每个元素就是图像中的一个点，称为像素。每像素都有具体的颜色信息。矩阵中的所有不同颜色的点就组成了一幅完整的图像。

矢量图形是用矢量方式（如形状的解析式）来描述的图形。这些矢量或解析式用来描述构成一幅图的所有直线、圆、矩形、曲线等图元的位置、形状、维数和颜色等各种属性和参数。显示时，需要相应的软件读取、解释这些矢量信息，并将其转换为适合屏幕显示的像素信息进行显示。

【问题 2】

图形编辑软件（如 Illustrator）。

【问题 3】

录入手段一：利用图像扫描仪扫描。

录入手段二：利用数码相机翻拍。

录入手段三：利用数码摄像机翻拍。

其他手段等。

【问题 4】

按照如下步骤在期刊插图中加入文字水印。

(1) 打开插图文件。

(2) 新建一个图层（可选步骤）。

(3) 在工具栏中选择横排文字工具（或直排文字工具），在图的右下角合适位置插入文字，文字内容为期刊名称，并可设置该文字的颜色、字体等参数。

(4) 降低文字图层的不透明度，使文字具有半透明效果。

(5) 保存编辑结果。

【问题 5】

① JPEG 不适合。

② JPEG 格式不支持保存图层信息及多层图像信息。

试题 6（2015 年 5 月试题 4）

阅读下列说明，回答问题 1 至问题 5，将答案填入答题纸的对应栏内。

【说明】

某学校要开发一套运行在触屏终端机上的交互式多媒体宣传系统，用于以文字、声音、图片、动画和影像等方式向参观者介绍学校的特色、历史、师资、教育设施、专业设置、科研成就、杰出校友和校园导游等信息。

【问题 1】（2 分）

项目规划和管理人员将该多媒体应用系统的开发过程划分为以下相互衔接的 7 个阶段。每个阶段以上一个阶段的工作成果作为输入。每个阶段结束后要对其输出进行评审，若确认，则启动下一个活动；否则返回前一阶段进行修改。首先请将这 7 个阶段进行排序：①准备媒体素材；②运行维护；③系统测试；④需求分析；⑤程序设计和媒体集成；⑥总体策划；⑦脚本设计。

【问题 2】（2 分）

该应用系统的开发采用了哪些软件工程模型？

【问题 3】(2 分)

从信息表达角度分析,与普通的印刷宣传页或宣传册相比,这种多媒体宣传系统有哪些优点。

【问题 4】(2 分)

该应用系统的背景音乐既可以采用 MIDI 格式的声音文件也可以采用 MP3 格式的声音文件。简述这两种声音格式文件的区别。

【问题 5】(2 分)

对校园布局的展示方式可以选择拍摄视频或者制作三维动画的方式来实现,请简述这两种展示方式的优缺点。

试题 6 分析

【问题 1】

在开发一个多媒体应用项目时,首先要进行需求分析,然后根据需求进行总体策划,包括制定开发计划、安排开发人员等;然后进行脚本设计,当然此时只是进行相对较粗糙的设计,后面还会进行迭代修改;之后准备相关的多媒体素材,进行相应模块的开发;然后再进行集成和测试;交付给用户使用后还要进行后期维护。该题目难度中等,具备一定软件开发知识的考生均可以通过分析给出某些关键步骤。

【问题 2】

该问题主要考查多媒体应用项目软件工程方面的知识。软件工程是一种用系统的方法来开发、操作、维护及报废软件的过程。多媒体应用作为一类特殊的软件应用,同样应该遵循软件工程的普遍规律。较常见的软件工程管理模型是瀑布模型,该模型的开发过程是通过设计一系列阶段顺序展开的,从系统需求分析开始直到产品发布和维护,每个阶段都会产生循环反馈。

【问题 3】

该问题实际上考查了对多媒体系统基本定义的理解。与传统纸质媒体相比,多媒体系统的优点不只是包含多个媒体,还具有数据量大和能够与用户进行交互等有点。

【问题 4】

该问题主要考查考生对常用的数字音频文件格式相关知识的了解。MIDI 格式文件中存储的是音乐演奏序列事件的描述信息,是演奏指令的记录。MIDI 格式文件是音乐旋律的演奏脚本方式描述。MP3 格式文件中存储的是进行了数据压缩后的声音波形信号的数字化采样值。

【问题 5】

该问题主要考查多媒体应用系统需求分析能力、系统设计能力,检验是否能够综合考虑多个因素,做出正确的设计制作决策。拍摄视频具有实现简单、真实感强的优点,但是其交互能力不足,只能展示实际拍摄的内容、角度及播放路径。三维动画可以通过软件支持实现很好的用户交互功能,可以由用户选择以任意角度、不同尺寸以及不同的播放路径等观察被展示的对象,但是其制作复杂,真实感也比视频的要差,如要实时渲染,对计算机显示性能要求较高。

试题 6 答案

略。

试题 7(2014 年 5 月试题 1)

阅读下列说明,回答问题 1 至问题 5,将答案填入答题纸的对应栏内。

【说明】

Photoshop 是较常用的数字图像处理软件,可以完成图像格式转换、图像编辑、图像合成、校色调色及特效制作等功能。

【问题 1】(3 分)

简述 Photoshop 工具箱中吸管工具的主要功能。

【问题 2】(3 分)

简述 Photoshop 软件中"调整图像大小"和"调整画布大小"两项功能的区别。

【问题 3】(6 分)

在 Photoshop 中先打开一幅 24 位色的数字图像,然后执行"图像"→"图像大小"菜单命令,弹出如图 16.6 所示的对话框。对话框最上方显示的"像素大小:14.4M"信息是指该图像在非压缩条件下所占的存储空间大小(以字节为单位)。

现将图像的分辨率由"300 像素/英寸"修改为"120 像素/英寸",得到如图 16.7 所示的对话框。请估算图 16.7 中"像素大小""宽度""高度"三个信息栏中显示的 3 个值分别是多少。

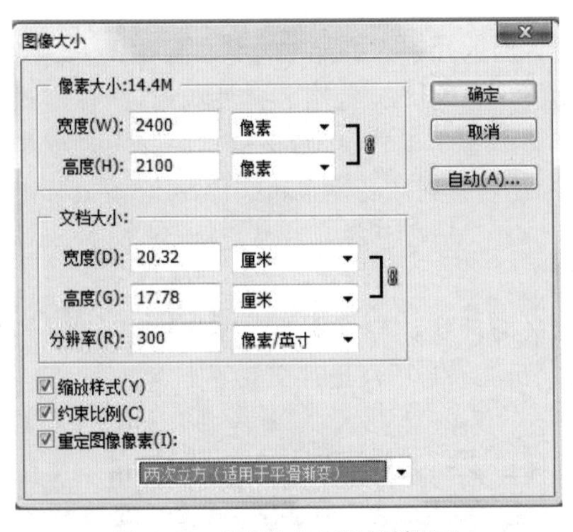

图 16.6 "图像大小"对话框(1)

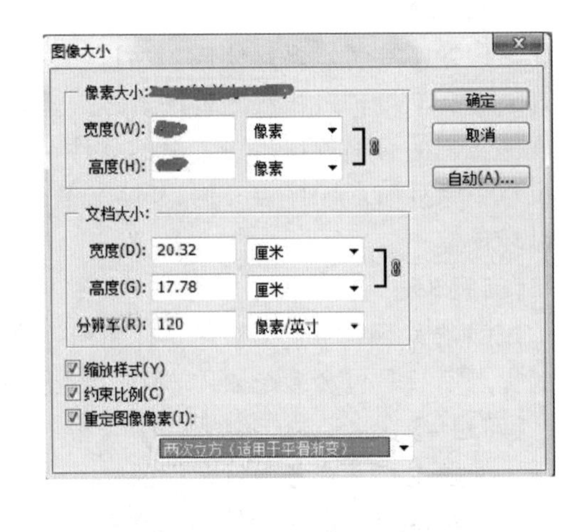

图 16.7 "图像大小"对话框(2)

【问题 4】(2 分)

用 Photoshop 打开一幅图像,执行"窗口"→"直方图"菜单命令弹出如图 16.8 所示的直方图面板。现将该图像的亮度调高后,其直方图最有可能变为图 16.9(a)、(b)、(c)中的哪一个?

图 16.8 直方图面板(1)

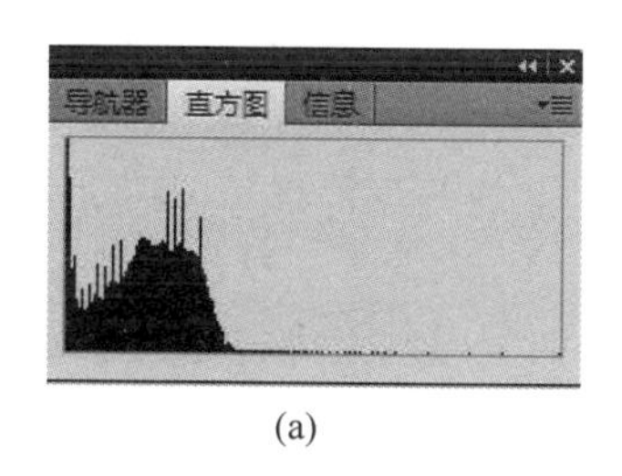

(a)

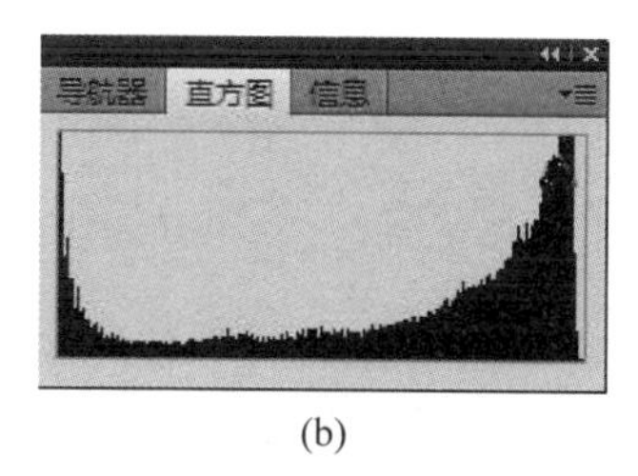

(b)

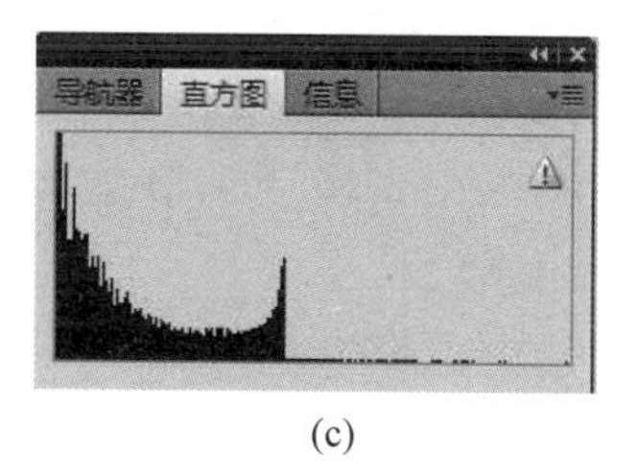

(c)

图 16.9　直方图面板(2)

【问题 5】(2 分)

在 Photoshop 中,针对一幅打开的图像执行“图像”→“旋转画布”菜单命令使其顺时针旋转 90°后,其直方图有何变化?

试题 7 分析

本题主要考查考生对基本的图形、图像概念的理解和对 Photoshop 软件的运用能力。图形图像作为一种视觉媒体已经成为人类信息传输、思想表达的重要方式。数字图像处理软件在多媒体素材制作中扮演了重要角色,而 Photoshop 是目前较常用、较专业的图像处理软件。

【问题 1】

本问题主要考查对 Photoshop 中常用操作工具的运用知识。Photoshop 中的吸管工具可用于拾取数字图像中任意位置上的颜色信息。

【问题 2】

本问题主要考查 Photoshop 操作人员容易混淆的两个概念:图像大小和画布大小。“图像大小”是指图像本身的、以像素为单位的大小,每像素都包含了实际的信息。改变原始图像的大小和分辨率,即对原图像进行强制缩放,会影响图像的品质。画布是 Photoshop 软件引入的一个概念,是铺在实际图像下面的一块假想的“白布”,“调整画布大小”功能是在保持原始图像大小不变的情况下调整画布(纸张)的空白大小。

【问题 3】

本问题主要考查数字图像的基本概念,包括图像大小和分辨率的关系,分辨率与图像品质的关系,以及 Photoshop 中画布的概念。理解了这些概念,即便对 Photoshop 不熟悉,也可以计算出答案。因此该问题属于较简单的题目。

【问题 4】

本问题主要考查数字图像直方图的概念。Photoshop 使用的直方图都是灰度直方图,从图形上说,它是一个二维图,用坐标表示。横坐标表示图像中各像素点的灰度级,反映图像中像素不同灰度值出现的次数(或频数)。因此如果将图像亮度调高,则会增加高灰度级像素的个数,只有答案(b)符合要求。

【问题 5】

本问题主要考查数字图像直方图概念理解的灵活性。直方图表示了图像的一维信息。只反映图像中像素不同灰度值出现的次数(或频数)而未反映像素所在位置。因此对图像进行旋转,相当于改变了图像的位置,对图像像素的灰度级统计信息,即直方图没有影响。

试题 7 答案

【问题 1】

Photoshop 中的吸管工具可用于拾取数字图像中任意位置上的颜色信息。

【问题 2】

“调整图像大小”功能可以改变原始图像的大小和分辨率，即对原图像进行强制缩放，该功能会影响图像的品质。“调整画布大小”功能是在保持原始图像大小不变的情况下调整画布（纸张）的空白大小。

【问题 3】

① 像素大小：2.3MB

② 宽度：960

③ 高度：840

【问题 4】

(b)

【问题 5】

无变化

试题 8（2014 年 5 月试题 2）

阅读下列说明，回答问题 1 至问题 3，将答案填入答题纸的对应栏内。

【说明】

在日常工作和生活中，用户经常利用 Photoshop 对拍摄的数码照片进行后期处理，如对照片进行放大、缩小、旋转、镜像等几何变换，或将几幅照片合成为一幅具有创意的新照片。

【问题 1】（6 分）

现有两幅数码照片，一幅为背景接近纯色的人物照，另一幅为风景照，要求利用 Photoshop 工具将人物图像合成到风景照中，最终获得 JPEG 图像格式的照片。简述实现该操作的基本步骤。

【问题 2】（2 分）

在问题 1 描述的照片合成处理中，如果要求人物与风景的合成效果越自然越好，尤其在人物边界处不能显得太突兀，那么在用选择工具提取人物图像时，应该使用选择工具的什么功能？

【问题 3】（6 分）

用数码相机拍摄了一幅风景照，发现照片中的景物整体朝逆时针方向倾斜，并确定是拍摄问题。照片倾斜角度无法判断，但照片中有海平面等景物。现要求利用 Photoshop 校正该倾斜照片，简述基本的操作步骤。

试题 8 分析

本试题进一步考查对 Photoshop 图像处理软件的运用的熟练程度，检验考生是否能够利用该工具针对特定应用场景完成多媒体素材制作。

【问题 1】

利用 Photoshop 处理数码相机拍摄的照片是常见的一类应用。该问题主要考查考生是否理解套索工具、魔棒工具等不规则区域选取工具的功能，是否理解部分图像的剪切、复制功能，是否理解 Photoshop 的图像压缩格式转换功能，以及是否能够在具体应用场景中将这些功能组合起来灵活运用。

【问题 2】

该问题主要考查考生对 Photoshop 工具中"羽化"功能的理解。"羽化"功能就是在选择图片区域的时候，让选择边界有一个过渡效果，这样使得照片合成时边界处显得更加柔和，没有突兀感。

【问题 3】

利用 Photoshop 对日常生活中拍摄的数码照片进行修正也是非常常见的应用。针对该题目中的问题，考生很容易想到对其进行旋转校正，其中蕴含了两个难点。一是校正旋转的角度如何确定，二是旋转后画布留下的白边如何裁剪掉。完全答对该问题需要有 Photoshop 的实际应用经验，因此该考题可以检验考生的实际动手能力。

试题 5 答案

【问题 1】

第一步：用 Photoshop 打开两幅照片。

第二步：在人物照片中利用套索工具、魔棒工具等选择工具，或者利用"滤镜"→"抽出"功能选择出人物所占的不规则区域。

第三步：将所选择的人物区域复制，然后粘贴到风景照片中，并利用"移动工具"将选择区域移动到合适的位置；或者直接将所选择的人物区域直接拖拽到风景照片中，再利用"移动工具"将选择区域移动到合适的位置。

第四步：利用"文件"菜单的"存储为"命令并选择"JPEG 格式"将合成照片存储为 JPEG 格式的图像文件。

【问题 2】

"羽化"功能。利用该功能可以模糊化选择区域的边界。

【问题 3】

答案一：

第一步：利用测量工具或标尺工具测量照片中海平面线与水平线的夹角。

第二步：利用"画布旋转"功能将该照片顺时针旋转相应的角度。

第三步：将旋转后照片周围的画布空白区域剪裁掉。

答案二：

第一步：利用"画布旋转"功能将该照片顺时针旋转一定角度，然后通过目测照片中的海平面是否已经保持水平判断旋转角度是否合适。如果不合适，再将照片顺时针或逆时针旋转一定角度，然后再目测是否已经保持水平。该过程反复进行，直至照片被摆正。

第二步：将旋转后照片周围的画布空白区域剪裁掉。

16.2 多媒体应用设计师考试大纲

一、考试说明

1. 考试目标

本考试主要面向网页设计与制作、多媒体产品设计与制作两类职业岗位群，涵盖网页设计与制作、UI 界面设计与制作、多媒体产品设计与制作、交互设计、用户体验设计等相关工作岗位。通过本考试的合格人员能根据多媒体应用工程项目的要求，参与多媒体应用系统的规划和分析设计工作；能按照系统总体设计规格说明书，进行多媒体应用系统的设计、制作、集成、调试与改进，并指导多媒体应用制作技术员实施多媒体应用制作；能从事多媒体电子出版物、多媒体课件、自媒体作品、网站原型、商业简报、平面广告制作及其他多媒体应用系统的媒体集成及系统设计等工作；能从事虚拟现实、网页设计与制作、网店装修设计等多媒体应用场景的技术应用等工作；具有工程师的实际工作能力和业务水平。

2. 考试要求

(1) 掌握多媒体的定义、媒体与技术的关系及多媒体关键技术。

(2) 掌握多媒体信息处理、编辑、组织等技术。

(3) 掌握多媒体信息传输技术基础知识。

(4) 掌握移动多媒体技术及应用基础。

(5) 熟悉多媒体信息显示、发布与搜索技术。

(6) 熟悉多媒体数字版权管理技术。

(7) 熟悉多媒体数据常用压缩算法及其适用的国际标准。

(8) 熟悉多媒体新技术及其应用发展趋势，包括信息可视化、人机交互、虚拟现实、增强现实等。

(9) 熟悉多媒体应用系统的创作实施过程，包括多媒体课件、电子出版物、自媒体作品、网站原型设计、微课、微视频的设计制作等。

(11) 熟悉多媒体应用场景的技术应用，包括虚拟现实/增强现实技术、网页设计与制作、网店装修设计等。

(12) 了解信息化、标准化、安全知识以及与知识产权相关的法律、法规要点。

(13) 正确阅读并理解相关领域的英文资料。

3. 考试科目设置

(1) 多媒体应用基础知识，考试时间 150 分钟，笔试，选择题。

(2) 多媒体应用设计技术，考试时间 150 分钟，笔试，问答题。

二、考试范围

考试科目 1：多媒体应用基础知识

1. 多媒体技术基础

 1.1 媒体与技术

  1.1.1 媒体的定义与分类

  1.1.2 多媒体的定义、内涵或特点

  1.1.3 多媒体技术的应用

 1.2 关键技术

  1.2.1 多媒体技术基础

  1.2.2 多媒体应用技术的发展

2. 多媒体信息处理及编辑技术

 2.1 多媒体信息的种类与特点

2.1.1 多媒体信息的种类

2.1.2 多媒体信息的特点

2.2 多媒体文字信息的处理与编辑

2.2.1 文字信息的处理与编辑概述

2.2.2 文字信息的处理与编辑

2.3 多媒体音频的处理与编辑

2.3.1 音频数据的编辑处理概述

2.3.2 音频数据的处理与编辑

2.4 多媒体图形图像的处理与编辑

2.4.1 图形图像的编辑处理概述

2.4.2 图形图像的处理与编辑

2.5 多媒体视频的处理与编辑

2.5.1 视频的编辑处理概述

2.5.2 视频的处理与编辑

2.6 多媒体信息的组织

2.6.1 超文本和超媒体的概念

2.6.2 超文本和超媒体系统结构

2.6.3 超文本和超媒体的组成

3. 多媒体信息传输技术

3.1 数据通信技术

3.1.1 多媒体通信的服务质量

3.1.2 多媒体通信的服务质量类型

3.1.3 多媒体通信协议

3.1.4 多媒体通信技术的应用

3.2 计算机网络基础

3.2.1 计算机网络的定义、分类及构成

3.2.2 计算机网络协议

3.2.3 计算机网络接入技术

3.3 Internet 技术基础

3.3.1 Internet 的定义与发展

3.3.2 Internet 接入的方法

4. 移动多媒体技术基础

4.1 移动多媒体技术基础

4.1.1 移动互联网的定义

4.1.2 移动互联网的特征

4.2 无线移动通信技术

4.2.1 无线移动通信技术的定义

4.2.2 中短距离无线通信技术

4.2.3 第一代移动通信技术

4.2.4 第二代移动通信技术
4.2.5 第三代移动通信技术
4.2.6 第四代移动通信技术
4.3 移动多媒体终端设备及系统平台
4.3.1 移动多媒体终端设备
4.3.2 移动操作系统
4.4 移动多媒体技术应用
5. 多媒体信息显示、发布及搜索技术
5.1 多媒体信息显示技术
5.1.1 常见的显示技术
5.1.2 立体显示技术
5.1.3 OLED 显示技术
5.1.4 触摸屏技术
5.1.5 柔性显示技术
5.2 多媒体信息发布技术
5.2.1 多媒体信息发布的模式、特点
5.2.2 多媒体内容分发网络技术的关键技术
5.2.3 多媒体信息发布的发展
5.3 多媒体信息搜索技术
5.3.1 多媒体信息搜索的定义、分类
5.3.2 搜索引擎的基本工作原理
5.3.3 多媒体信息搜索的发展
6. 多媒体数字版权管理技术
6.1 元数据与数字对象标识码
6.1.1 元数据的基本概念
6.1.2 数字对象标识码的基本概念
6.2 数据加密技术
6.2.1 数据加密技术的定义
6.2.2 数据加密技术的分类
6.3 公钥基础设施安全技术
6.3.1 公钥基础设施的定义
6.3.2 公钥基础设施的组成
6.3.3 公钥基础设施的核心
6.3.4 公钥基础设施的应用
6.4 数字签名技术
6.4.1 数字签名的定义
6.4.2 数字签名的实现方式
6.5 数字水印技术
6.5.1 数字水印的定义、类型

6.5.2　数字水印的典型算法

6.5.3　数字水印的应用

6.6　身份认证技术

6.6.1　身份认证技术的定义

6.6.2　基于用户名/口令的身份认证技术

6.6.3　基于智能卡的身份认证技术

6.6.4　基于 Key 的身份认证技术

6.6.5　基于生物特征识别的身份认证技术

7. 多媒体数据压缩编码技术基础

7.1　多媒体数据压缩技术理论基础

7.1.1　压缩编码方法分类

7.2　统计编码

7.2.1　香农-费诺编码

7.2.2　霍夫曼编码

7.2.3　算术编码

7.2.4　游程编码

7.2.5　字典编码

7.3　预测编码

7.3.1　无损预测编码

7.3.2　有损预测编码

7.4　变换编码

7.4.1　变换编码的原理

7.4.2　离散余弦变换编码

7.4.3　小波变换

7.5　其他编码

7.5.1　矢量量化编码

7.5.2　子带编码

7.6　视频编码

7.6.1　帧内预测编码

7.6.2　帧间预测编码

7.7　数据压缩编码标准

7.7.1　静态图像压缩编码标准

7.7.2　音频编码标准

7.7.3　视频编码标准

8. 多媒体应用的新技术

8.1　信息可视化技术

8.1.1　信息可视化的定义

8.1.2　信息可视化的模型

8.1.3　信息可视化技术

8.2 人机交互技术

8.2.1 人机交互技术的定义

8.2.2 立体视觉显示技术

8.2.3 自然手势交互技术

8.2.4 肢体动作交互技术

8.3 虚拟现实技术

8.3.1 虚拟现实技术的定义

8.3.2 虚拟现实技术的组成

8.3.3 虚拟现实系统的分类

8.3.4 虚拟现实技术的发展

8.4 增强现实技术

8.4.1 增强现实技术的定义

8.4.2 增强现实技术的关键技术

8.4.3 增强现实技术的实现流程

8.4.4 增强现实技术与虚拟现实技术的联系与区别

9. 信息安全知识

9.1 信息安全基本概念

9.2 计算机病毒防范

9.2.1 计算机病毒的分类与识别

9.2.2 计算机病毒的方法措施与消除方法

9.3 入侵检测与防范措施

9.3.1 入侵检测的行为

9.3.2 入侵检测的原理

9.3.3 入侵检测的方法

9.4 加密解密机制与信息加密策略

9.4.1 加密解密机制

9.4.2 信息加密策略

9.5 身份验证和访问控制策略

9.5.1 身份验证技术

9.5.2 访问控制策略

9.6 计算机犯罪

9.6.1 计算机犯罪的定义、类别与主要手段

9.7 计算机职业道德

9.7.1 计算机职业道德的定义

9.7.2 计算机职业道德规范

10. 标准化知识

10.1 国际标准、国家标准、行业标准、企业标准基本知识

10.2 编码标准、多媒体有关的技术标准

10.3 标准化机构

11. 信息化基本知识

11.1 信息化基本概念

11.2 国民经济与社会信息化战略

11.3 保护

12. 知识产权的有关法律、法规

13. 专业英语

正确阅读并理解相关领域的英文资料

考试科目 2：多媒体应用设计技术

1. 多媒体应用的策划与设计

1.1 多媒体应用开发各阶段的目标与任务

1.1.1 需求分析

1.1.2 应用系统结构设计

1.1.3 监理设计标准和细则

1.1.4 系统开发工具的选择

1.1.5 系统制作的任务

1.1.6 系统的测试与运行

1.2 多媒体应用设计的基本原理

1.2.1 多媒体应用设计的选题与分析报告（总体规格设计说明书）

1.2.2 多媒体脚本设计

1.2.3 创意设计

1.2.4 人机界面设计原则

2. 多媒体素材的制作和集成

2.1 数字音频编辑

2.1.1 数字音频编辑工具

2.1.2 数字音频编辑方法

- 录制解说词
- 录制背景音乐
- 进行混音处理
- 添加音效

2.2 图像处理

2.2.1 图像处理工具

2.2.2 图像特殊效果的主要制作方法

2.2.3 图像处理及存储的制作过程

2.3 动画和视频制作

2.3.1 三维动画制作

- 三维动画制作工具
- 三维动画的制作

2.3.2 视频处理与编辑

- 视频制作工具

- 视频信号的采集
- 制作电影

2.4 多媒体系统创作编辑

2.4.1 动画创作工具

- 动画创作软件
- 用动画创作工具制作多媒体作品

2.4.2 多媒体著作工具

- 利用多媒体著作工具制作多媒体应用软件
- 利用多媒体著作工具制作交互式网页

2.5 自媒体平台及作品制作

2.5.1 自媒体平台及工具

2.5.2 MAKA 自媒体作品制作方法

2.5.3 易企秀自媒体作品制作方法

2.5.4 基于手机的自媒体作品制作方法

2.6 网站原型设计与制作

2.6.1 网站原型设计工具

2.6.2 网站原型设计与制作方法

2.7 微课的设计与制作

2.7.1 微课的设计与制作工具

2.7.2 微课的设计与制作方法

2.8 微视频的设计与制作

2.8.1 微视频的设计与制作工具

2.8.2 微视频的设计与制作方法

2.9 二维码设计与制作

2.9.1 二维码设计与制作工具

2.9.2 二维码设计与制作方法

3. 多媒体应用系统的设计和实现示例

3.1 多媒体课件的设计与实现

3.1.1 多媒体课件的特点和模式

- 多媒体课件特点和编制原理
- 多媒体课件基本模式

3.1.2 多媒体课件开发过程

- 课件的需求分析(课件的选题、课件的类型)
- 课件的设计(教学设计、课件的表现技巧设计、课件的开发计划)
- 课件的制作(课件素材的选取、课件的脚本编写、课件的编辑合成、编码调试、课件的测试和评价、课件的维护和改进)

3.2 多媒体电子出版物的设计与实现

3.2.1 多媒体电子出版物的特点与应用

- 多媒体电子出版物与其他多媒体软件的区别

- 多媒体电子出版物的应用类型

3.2.2　多媒体电子出版物的基本要素

- 多媒体电子出版物的基本构件
- 多媒体电子出版物的开发人员构成

3.2.3　多媒体电子出版物的开发过程

- 选题
- 组织资源
- 编写多媒体脚本
- 编辑资源
- 系统制作与集成
- 系统的测试与优化
- 形成产品

3.3　网络多媒体广告设计

3.3.1　计划与可行性分析

3.3.2　信息框架设计

3.3.3　文档设计

3.3.4　用户界面设计

3.3.5　导航和交互设计

4. 多媒体应用场景的技术应用和实现示例

4.1　虚拟现实技术与应用

4.1.1　虚拟现实系统的硬件设备

4.1.2　虚拟现实系统的相关技术

4.1.3　虚拟现实技术的应用与实践

4.2　网页设计与制作

4.2.1　网站设计与制作的整体规划

4.2.2　网站前台策划与设计

4.2.3　网站后台技术策划

4.2.4　网站设计与制作的实践

4.3　网店装修设计与制作

4.3.1　搭建网店页面

4.3.2　创建网店动态页面

4.3.3　网店的其他装修

三、题型举例

（一）选择题

___(1)___通过使用两个 LCD 或 CRT 显示器向人眼显示图像形成深度感知，来为用户提供虚拟现实的沉浸感。

(1) A. 立体眼镜　　B. 头盔显示器

C. 数据手套　　D. 跟踪球

以下对图像数字水印的描述不正确的是__(2)__。

(2) A. 图像水印是在原始图像中嵌入秘密的信息

B. 图像水印算法不容易实现

C. 图像水印不影响原始图像的视觉效果

D. 图像水印被删除将对数字产品质量生成破坏

（二）问答题

阅读下列说明，回答问题1至问题3，将解答填入答题纸的对应栏内。

【说明】

分布式虚拟现实系统是一种支持多个客户机通过网络进行远程实时交互及协作的虚拟现实系统。某高校采用Virtools开发软件包与Virtools Server网络服务器开发包实现分布式虚拟汽车驾驶系统。

【问题1】

请简述分布式多客户的工作模式。

【问题2】

请简述分布式虚拟汽车驾驶系统的技术框架。

【问题3】

分布式虚拟汽车驾驶系统中的碰撞测试是虚拟交互的基础，请简述该碰撞测试技术。

附录 Axure RP 7.0 快捷键速查

1. 通用快捷键

① 剪切：Ctrl+X。

② 复制：Ctrl+C。

③ 粘贴：Ctrl+V。

④ 保存：Ctrl+S。

⑤ 退出：Alt+F4。

⑥ 查找：Ctrl+F。

⑦ 替换：Ctrl+H。

⑧ 打印：Ctrl+P。

⑨ 新建：Ctrl+N。

⑩ 打开：Ctrl+O。

⑪ 全选：Ctrl+A。

⑫ 重做：Ctrl+Y。

⑬ 撤销：Ctrl+Z。

2. 功能快捷键

(1) 快速预览。

① F5 键：效果预览。

② Ctrl+F5 键：预览设置。

(2) 发布生成。

① F6 键：发布到 AxShare。

② F8 键：生成 HTML 文件。

③ Ctrl+F8 键：在 HTML 文件中重新生成当前页面。

④ F9 键：生成规格说明书。

(3) 选择模式。

① 相交模式：F3。

② 包含模式：Ctrl+F3。

③ 连接模式：Ctrl+Shift+F3。

3. 编辑快捷键

(1) 复制元件。

① 复制元件到指定位置：Ctrl+鼠标拖动。

② 复制元件：Ctrl+D。

(2) 元件移动。

① 方向键：将元件每次移动1像素。

② Shift或Ctrl+方向键：将元件每次移动10像素。

(3) 元件旋转。

旋转元件角度：Ctrl+鼠标左键(鼠标指针点中元件任意边界点不放，拖动调整角度)。

(4) 层级切换。

① 元件上移一层：Ctrl+]。

② 元件下移一层：Ctrl+[。

③ 元件移至顶层：Ctrl+Shift+]。

④ 元件移至底层：Ctrl+Shift+[。

(5) 边界对齐。

① 元件左对齐：Ctrl+Alt+L。

② 元件右对齐：Ctrl+Alt+R。

③ 元件顶端对齐：Ctrl+Alt+T。

④ 元件底端对齐：Ctrl+ALt+B。

⑤ 元件水平居中：Ctrl+Alt+C。

⑥ 元件垂直居中：Ctrl+Alt+M。

(6) 文字对齐。

① 左对齐：Ctrl+Shift+L。

② 右对齐：Ctrl+Shift+R。

③ 居中：Ctrl+Shift+C。

(7) 文字样式。

① 粗体/非粗体：Ctrl+B。

② 斜体/非斜体：Ctrl+I。

③ 下画线/无下画线：Ctrl+U。

(8) 平均分布。

① 横向平均分布：Ctrl+Shift+H。

② 纵向平均分布：Ctrl+Shift+U。

(9) 元件组合。

① 组合：Ctrl+G。

② 取消组合：Ctrl+Shift+G。

(10) 位置与尺寸。

① 编辑位置和尺寸：Ctrl+L。

② 切换编辑项：Tab。

③ 锁定位置和尺寸：Ctrl+K。

④ 解锁位置和尺寸：Ctrl+Shift+K。

(11) 已打开页面间切换。

① 下一页：Ctrl＋Tab。

② 上一页：Ctrl＋Shift＋Tab。

(12) 页面操作。

① 放大缩小页面：Ctrl＋鼠标滚轮。

② 页面左右移动：Shift＋鼠标滚轮。

参考文献

[1] 吕皓月. APP 蓝图——Axure RP 7.0 移动互联网产品原型设计[M]. 北京：清华大学出版社，2015.

[2] 吕皓月，杨长韬. 网站蓝图 3.0——互联网产品（Web/APP/Apple Watch）Axure 7 原型设计宝典[M]. 北京：清华大学出版社，2016.

[3] 金乌. Axure RP 7 网站和 APP 原型制作从入门到精通[M]. 北京：人民邮电出版社，2015.

[4] 车云月. Axure 原型设计实战[M]. 北京：清华大学出版社，2017.

[5] 焦计划. Axure RP 案例教程[M]. 广州：暨南大学出版社，2017.

[6] 张晓景. Axure RP 8.0 网站产品原型设计全程揭秘[M]. 北京：清华大学出版社，2019.

[7] 小楼一夜听春语. Axure RP 7.0 从入门到精通 Web+APP 产品经理原型设计[M]. 北京：人民邮电出版社，2016.

[8] 张志科. Axure RP 8.0 中文版原型设计从入门到精通[M]. 北京：清华大学出版社，2019.

[9] 冀托. Axure RP 原型设计基础与案例实战[M]. 北京：机械工业出版社，2017.

[10] 刘刚. Axure RP8 原型设计图解视频教程[M]. 北京：人民邮电出版社，2017.

[11] 何广明. Axure RP8 产品原型设计快速上手指南[M]. 北京：人民邮电出版社，2017.

图书资源支持

感谢您一直以来对清华版图书的支持和爱护。为了配合本书的使用，本书提供配套的资源，有需求的读者请扫描下方的“书圈”微信公众号二维码，在图书专区下载，也可以拨打电话或发送电子邮件咨询。

如果您在使用本书的过程中遇到了什么问题，或者有相关图书出版计划，也请您发邮件告诉我们，以便我们更好地为您服务。

我们的联系方式：

地　　址：北京市海淀区双清路学研大厦 A 座 714

邮　　编：100084

电　　话：010-83470236　010-83470237

客服邮箱：2301891038@qq.com

QQ：2301891038（请写明您的单位和姓名）

资源下载：关注公众号“书圈”下载配套资源。

资源下载、样书申请

书圈

获取最新书目

观看课程直播